U0070297

台灣必買經典伴手禮

目錄

序

　　提及台灣，令人難以忘懷的不僅是美麗風景，更是深植於其中的文化與獨特的味覺饗宴。《台灣必買經典伴手禮》帶您踏上一段令人難以忘懷的探索之旅，揭示了這片土地上精選伴手禮品牌背後之獨特故事。每一個品牌，都是一個經典的化身，帶著濃濃的台灣風情，講述著不同的歷史、人文和創新。

　　透過深入的專訪，為我們呈現了這些品牌的軌跡，從最初的創業歷程，到如今擁有了深厚的根基；這些品牌背後的創業者，以其堅持不懈的追求，努力將台灣的美食文化傳遞到世界各地。

　　若您想要了解台灣的味覺寶藏，並且渴望探索被時間淬鍊的品牌故事，這本書將是您的不二選擇。您將品味到台灣的故事、品味到那份深厚的人情味，並且被創業者奮鬥的歷程所感動。

　　讓我們一同走進這本書的世界，探索台灣必買伴手禮之品牌故事，將這份美味與溫情，存於心中。

以利文化出版社 總監呂國正

蒜蒜屋
にんにく

「醬」心巧妙，
蒜醬讓料理美味升級

"

相信大家都聽過「一天一蘋果，醫生遠離我」的俗諺，但在台灣，流傳的卻是「一天一蒜瓣，醫生遠離我」，中華料理常用的辛香料「蒜頭」，因其擁有豐富的營養價值，如維生素 B1、B2、鈣、磷、鐵等礦物質，和高達 30 多種蒜氨酸，被公認是超級養生食物，能為身體打造保護力壁壘。蒜頭因其營養價值及為料理帶來畫龍點睛的效果，成為家戶必備的食材之一，但不少人對大蒜卻是又愛又恨；蒜頭從保存到料理都相當不便，若保存不當會走味變質、發芽長霉，剝蒜時手上還會沾染難聞的異味。

於美國生活的 Mike Chang，是個不折不扣熱愛料理的老饕，每每剝蒜，都讓他不禁心想：「難道沒有更簡便的方法嗎？」2017 年回台後他開始研發台灣少見的蒜頭醬料，2022 年創立「蒜蒜屋にんにく」，期盼以美味與便利解決料理者保存蒜頭不易與剝蒜的痛點。

看見市場缺口，
台式蒜醬解決保存與料理蒜頭的痛點

　　儘管 Mike 在美國吃遍各種美食，經典的美式漢堡炸雞、濃厚墨西哥風味的捲餅塔可，越南、泰國、韓國料理都來者不拒，但存在於他體內的台式口味 DNA 仍舊不時蠢蠢欲動，因此在美國生活期間，他練就一身好廚藝，在閒暇時能烹調一道道朝思暮想的家鄉味。Mike 說：「我對飲食相當敏銳，也很愛煮菜，但每次剝蒜時都覺得非常麻煩，創立蒜蒜屋就是希望能改善料理者處理蒜頭時的各種不便。」

　　坊間保存蒜頭的作法，可略分為三種：通風透氣、密封保存或冷凍冷藏，每一種方法對於講求效率的現代人而言都相當不便，且一不注意，所有的蒜頭容易發霉發芽需全數報銷。Mike 認為現代人習慣叫外送，煮飯意願不同以往，更何況花費心思保存、剝蒜，如何為消費者帶來便利、效率的飲食體驗，就是切入市場的重點。

　　正所謂「知己知彼，百戰不殆」，初見市場的一道缺口後，Mike 開始在醬料大國日本尋找是否有類似產品，果不其然，日本有品牌推出一款蒜頭醬料，但品嚐過後他發現，相較於日本，台灣大蒜有著獨特又鮮明的嗆辣香味，更能牽引味蕾、激昂脾胃，他想：「既然日本有品牌能成功把蒜頭做成醬料，台灣的蒜頭這麼好，市面上又沒有類似的產品，蒜醬絕對能吸引料理者的目光。」

圖上｜蒜蒜屋にんにく創辦人 Mike Chang

圖下｜台灣蒜醬第一品牌「蒜蒜屋にんにく」的原味蒜醬被譽為料理救星，成功解決料理蒜頭時的各項麻煩

秉持天然原則，
獨家千切技術打造完美口感

　　下定決心研發蒜頭醬料後，孕育於肥沃土質和日照充足的雲林蒜頭成了 Mike 的首選，他將蒜頭從產地新鮮直送工廠，確保蒜醬完整保留蒜頭香氣。多數製造醬料的業者，考量到消費者食用醬料時會頻繁地開關包裝，為了讓防止細菌或黴菌等微生物生長，並延長保存期限，多數醬料會添加防腐劑，遏止食物發酵、發酸或變質。為了能給消費者更健康的飲食體驗，蒜蒜屋堅持不添加防腐劑，改採高品質的芥花油和鹽，以「油鹽封存」的方式達到保存之效。

　　另外，有別於超市中常見的蒜蓉醬，大多是蒜末製成，蒜蒜屋考量到台灣人吃蒜時喜愛顆粒口感，因此開創出「千切技術」，讓消費者能食用大小適中的蒜粒，品嚐時更有感。同時，秉持讓消費者吃到原型食物的原則，蒜蒜屋不添加人工色素也不漂白蒜頭，堅持保留蒜頭獨特的營養價值。Mike 坦言，這項決定並不容易，有些消費者反應蒜醬接觸空氣後會變黃，不像國外的其他品牌，買回去後不管放多久，蒜頭都依然鮮白。但他不因質疑而氣餒，「我們希望以更天然的方式打造產品，守護消費者的健康，多數人或許不明白這背後的原因，但這也無妨，只要有消費者詢問，就是一個我們能傳遞理念的機會。」

原味與麻辣蒜醬，
看似平凡卻擁有直擊人心的美味

　　蒜蒜屋にんにく於 2022 年先後推出「原味蒜醬」和「麻辣蒜醬」，兩款產品都有各自的擁護者。原味蒜醬剛開賣，市場反應就相當熱烈，不少料理者都非常開心，長久以來處理大蒜的痛點，總算被看見了。原味版本推出後的一兩個月，不少消費者紛紛聯繫蒜蒜屋，詢問是否有辣味版本的蒜醬，這讓蒜蒜屋不得不加速研發腳步。

　　辣椒醬其實是各大食品品牌、自有品牌、餐廳或小販的兵家必爭之地，台灣在地辣椒醬約超過上百種，但蒜蒜屋的「麻辣蒜醬」卻有著市面上少見的黃金比例。由於蒜頭成本高，多數蒜蓉辣椒醬都是辣椒多、蒜蓉少，蒜味並不濃郁，但蒜蒜屋的「麻辣蒜醬」卻是反其道而行，擁有市售唯一最高大蒜比例，醬料高達 9 成都是蒜頭，並採用高品質的朝天椒提升辣度，一推出時便引發消費者高回購熱度。Mike 認為，購買辣椒醬的消費者往往相當在意辣度，擔心辣度不符合期待，其次則不愛醬料的死鹹感，或缺乏辛香料的香氣和口味，因此在研發麻辣蒜醬時，蒜蒜屋經過一次次的嘗試，總算調配出蒜頭和辣椒的完美比例，確保消費者既能品嚐濃郁的蒜頭香氣，同時能感受到令人過癮的辣味。

圖｜秉持使用天然食材原則守護消費者的健康，是蒜蒜屋にんにく的重要理念

製作出一款市面上少見完美比例的麻辣蒜醬，Mike 同時迎來另一項挑戰，那就是「成本過高」。他表示：「每間企業必然需要控制成本，以實際層面來看，製造每一罐蒜醬的成本非常高，更不用說行銷或販售時，通路抽成、廣告費用加總起來的總成本真的相當可觀。」不少人建議 Mike，不需要執著使用天然材料，若以有人工添加物的油品取代芥花油，就能降低不少成本。但 Mike 發現，使用非天然的油品，會讓產品變得油膩，也違反他當初創立品牌，希望消費者吃到優質食品的初衷。

在各式醬料中，原料品質的好壞往往能從售價看出端倪，超市貨架上的辣椒醬，定價 50 元、60 元的產品不在少數，一瓶 125 克就要價 220 元的麻辣蒜醬，售價著實高出不少，但 Mike 堅信好的產品絕對不孤單：「既然要做品牌，就要做得長久，蒜蒜屋會咬著牙，用最好、高成本的原料，鞏固消費者對品牌的信任度，相信只要產品品質夠好，消費者願意回購，就能達成我們的目標。」

圖｜沒有華而不實的行銷語言，蒜蒜屋にんにく穩扎穩打累積消費者對品牌的信任

產品品質與品牌價值齊頭並進，堅持穩健經營

　　腳踏實地的態度不僅體現在產品研發，對於行銷，Mike 也相當堅持「直接」、「真實」的兩大原則，蒜蒜屋捨去不少品牌相當愛用的故事行銷策略，直接向消費者說明蒜醬帶來的便利性及產品的高品質，一步步取得消費者的信任，從而累積品牌知名度；此舉也贏得不少網紅與藝人在社群媒體上為其大力推薦。

　　Mike 表示：「在行銷面上，第一次我們會用比較多的廣告預算，吸引消費者首購，一旦消費者發現產品確實如同廣告文案上所言，且沒有任何造假或誇大，就會促使消費者回購，形成良性循環。」再者，蒜蒜屋相當嚴肅看待消費者所有的反饋，「若消費者表示不喜歡蒜蒜屋時，我們當然會有些失落，但換一個角度想，品牌是否能從這些評論中學到東西更為重要。」舉例而言，一開始蒜蒜屋的訂單量並不大，因此不會天天出貨，但漸漸地有消費者反應：「東西很好、設計包裝很有質感，運輸過程也相當仔細，但就是出貨太慢。」兩、三位

消費者不約而同反應出貨速度不如期待，蒜蒜屋便立刻改變內部流程，讓消費者下單後，隔日就能拿到商品。

　　不過，有些負評著實讓 Mike 哭笑不得，近期有個消費者留下負評的原因即是「蒜醬太小罐，一下就吃完了」。Mike 認為，小容量蒜醬對消費者而言，價格低、易入手，希望有大罐醬料的消費者目前只屬少數，因此蒜蒜屋尚未決定推出大容量產品。Mike 表示：「儘管蒜蒜屋無法百分之百滿足消費者需求，但只要有需改進之處，我們都會盡力調整。歡迎消費者給予指教，即使是負評也無妨，因為品牌也能從中學習、調整。」

　　不少企業都期待自家品牌能爆紅，進一步帶來更多的銷售量，但 Mike 卻認為追求爆紅的結果，有可能會為了大量生產而影響產品品質和服務質量，最終反而對品牌帶來負面影響。因此他認為，一個新品牌若想要獲得消費者長期的信任和支持，唯有腳踏實地穩健經營並維護產品品質，才能積累品牌價值。

蒜蒜屋にんにく延續農業王國美名，讓世界看見台灣優質品牌

　　不少人來台灣旅行時，都對台灣各種鮮豔欲滴的蔬菜水果讚嘆不已，也奠定台灣農業王國的美名，從過去在美國到現今創立蒜蒜屋にんにく，Mike 對品牌有著更大的期望，希望有一天能將蒜醬出口到歐洲、日本或美國，也讓更多人看見台灣農產品的迷人魅力。Mike 表示，如果把中國、日本、美國、台灣的蒜頭放在一起比較，會發現台灣蒜頭長得最醜、最奇怪，不是最圓潤、鮮白，但剝開後，才會發現台灣蒜頭的味道是最迷人且濃郁的，且加熱後的蒜味也最有層次，不像其他國家的蒜頭味相較平淡。

　　為了有朝一日讓更多人看見台灣蒜頭的厲害，並將台灣農產品以品牌的方式推廣到全世界，Mike 也嚴格要求自家品牌，生產時要符合食品安全控制最高標準，各項產品都要通過 ISO22000、HACCP、SGS 多項檢驗。Mike 表示：「雖然蒜蒜屋にんにく是個新品牌，但我們相信只要在產品設計、研發生產、客戶服務、物流出貨等流程都要做到最好，就有機會讓具台灣特色的產品，在國際發光發熱，甚至成為來台的外國旅客挑選伴手禮時，想要購買的在地品牌之一。」

　　有「西醫之父」稱譽的醫生 Hippocrates 曾說：「讓食物成為你的藥物，你的藥物就是你的食物。」蒜頭因其豐富的營養價值被譽為天然抗生素，成為家戶中最不可或缺的食材。成功研發蒜醬，解決料理者多項痛點的蒜蒜屋にんにく，也正積極擴展蒜頭在飲食文化上的觸角，期許讓更多人透過食蒜，吃到美味也吃出健康，未來他們將會研發更多以蒜頭為主的醬料、下酒菜、小零食，碰撞出有趣的蒜味火花。

圖上｜既能品嚐蒜頭的辛香，又有痛快的辣感，「麻辣蒜醬」的黃金比例征服不少饕客挑剔的味蕾
圖下｜體面、實用又美味的禮盒，成功擄獲消費者的心

品牌核心價值

"

以堅持使用台灣蒜為核心，
不斷創新配合獨家研發技術，
持續為市場帶來最好的產品。

經營者語錄

"

保持品牌創立初衷、
堅持產品品質及傾聽消費者意見，
帶來好的經營循環。

給讀者的話

"

蒜蒜屋にんにく是第一個以「台灣蒜」為出發的在地品牌，
歡迎大家用於各式料理，各式回饋或是有更好吃、
更方便的用法也歡迎分享給我們！

台北市中山區長安東路一段 15 號 7 樓

02-2560-1268

蒜蒜屋にんにく

@garlicwoo.shop

garlicwoo.com

挚心 五仁

辣麻果油

诚挚·用心
JAXIN STUDIO

幸福

小辣 五仁
辣麻果油
ITS GOD DAMN HOT

嚴選真材實料的
傳統風味醬料

"

人們常說，送禮就要送到心坎裡，因為它不只是禮物，更是一份心意。摯心有限公司秉持對食材挑選的高標準堅持，在嚴格品質控管的製作過程中，用傳統的方式呈現食材最真的美味，五仁辣麻果油分別以五種堅果精心製作而成，絕不添加任何人工香料、色素及甜味劑，不僅風味佳而獨特，更有豐富的營養成分，適合作為多種料理的佐料與拌醬，在品嚐傳統美味的同時，也吃進十足的回憶與溫情，是消費者選擇作為伴手禮的主要原因。

改變一切的四川技術轉移之旅

　　摯心有限公司的「五仁辣麻果油」，是台灣眾多的特製醬料中，讓人過目即難忘的經典風味醬料，關於五仁辣麻果油，外號 Zero 的共同創辦人張景舜親切地娓娓道來，而這一切必須從他個人的背景與經歷開始談起。

　　作為產品研發和品牌經營的第一線，張景舜擁有的專業餐飲背景和過去深厚的工作經歷不容忽視，亦值得深入探究一番。對餐飲投入極高熱忱與心力的張景舜，在求學時代就讀餐飲管理科系期間，便已考取中餐、西餐、烘焙和餐服等多項餐飲相關證照，踏入社會後更曾擔任義大利窯烤餐廳店長，也曾在知名懷石素食餐廳任職外場副理，一做就是五年之久，原本以為會將這份穩定的工作持續發展下去，沒想到，一場四川的技術轉移之旅，改變了張景舜原來安定的人生軌跡。

　　「懷石素食餐廳的老闆計劃在四川成都市開分店，於是我們一行人前往當地進行技術轉移，回台灣以前，當地的夥伴送我們內地非常著名的食品『黃飛鴻』跟『老乾媽』作為伴手禮。回台灣之後，我想讓這兩項食品能夠『一加一大於二』，於是把它們加在一起，沒想到結果不如預期理想，所以開始針對醬料食材的部分進行多次的調整和優化，慢慢測試並做出今天的五仁辣麻果油。」張景舜笑談創業之初的種種回憶與經驗，儘管他深知這一路走來有多麼不容易。

　　基於創業可能帶來的各種不穩定因素，最初研發五仁辣麻果油的階段，張景舜選擇忍耐與堅持，繼續在薪資穩定的素食餐廳上班，並利用下班時間辛勤建立自己的品牌事業，以避免任何隱身在創業光芒背後的風險與危機。在這般「蠟燭兩頭燒」的追夢日子裡，張景舜忙碌又充實地度過一年，「每天早上五、六點起床忙碌產品開發，然後八點去素食餐廳上班，晚上下班後回來再繼續忙品牌的事，一天大約工作十八小時，算滿幸運地，這樣的情況只維持了一年，後來品牌逐漸穩定下來，我就從餐廳辭職，全心投入創業。」或許辛苦勞累，可是追夢的喜悅，是充滿動力和希望的。

圖左上│電視台拍攝側拍
圖右上│食材挑選、研製過程
圖左下│創業初期，張景舜忙碌於產品研發、品牌宣傳，全心全意投入事業的發展
圖右下│攝於世貿展場

不惜重本檢測食材，只願為食安盡一份心力

　　2017 年創立至今，摯心五仁辣麻果油邁入第六年，以五種屬性不同的堅果仁與辣椒醬結合，堅持料比醬還要多，使其在 2020 年榮獲國際風味評鑑獎二星殊榮。能有這番成績，皆因張景舜和夥伴最初對於食材安全、品質的高標準堅持，並在不斷改良、優化產品之下擁有今日的成果，而五仁辣麻果油從挑料、生產、製作、包裝、填充到出貨，如今依然受到極為嚴格的把關。

　　身為兩位孩子的父親，張景舜語重心長地說：「創業時台灣甫遇上食安風暴，例如：地溝油、假酒事件等，對民眾的健康造成極大的危害，可是民以食為天，飲食是每個人每天一定會接觸到的事物，因此我們必須更嚴謹地去思考，要怎麼吃得健康又安心。發展一個食品品牌，我能為客人做到的，就是讓食材回歸天然，不添加任何人工香料、色素及甜味劑，做出讓自己小孩吃的食物，把這樣天然的好味道帶給大家。」

　　然而，挑選優良食材、改良和優化產品，一點都不容易，光是尋找心目中最為鍾意的花生，前後便耗費張景舜大量的時間及金錢成本，看在旁人眼裡也許龜毛，但他認為食品業是份良心事業，哪怕過程再辛苦，他也要製作出大家都能吃得安心的健康醬料。「我們走訪迪化街多家廠商，一家家挑選食材並進行 SGS 檢測，並不是不相信廠商，而是想保障未來會吃進這些醬料的任何人。只要檢查出黃麴毒素，我們就放棄採用，更換了非常多家的廠商，最後找到知名天然有機食品公司的上游廠

商，終於尋覓到品質優良的堅果仁，雖然成本較為昂貴，但一切非常值得。」不惜砸重本進行食材檢測與把關，張景舜只想做出風味絕佳的五仁辣麻果油，並且為台灣的食品安全盡一份心力，更希望有機會能將這樣的好滋味推向國際，與世界任一角落的人們分享美好的風味。

醬料食品業競爭者眾，面對此情況，張景舜亦有自己獨到的見解。他認為擁有競爭對手十分正常，與其耗費時間和心力在與對手比拚較勁，不如把寶貴的時間全心全意地投資在品牌自我提升，不論是產品的優化、品牌的形塑等，都比競爭行為更值得深入鑽研。他接著談到：「創業最怕的就是看不見（對手在哪）、看不起（對手的實力）、看不懂（對手如何壯大）和跟不上（對手的腳步），真正做企業是沒有仇人的，任何人都可以是我們學習、精進的對象，練習欣賞別人的優缺點，競爭對手多，但貴人會更多。」張景舜所說的「貴人」，是創業初期前來購買並幫忙推廣分享的家人、朋友和客人，也包括創業路上所遇見的包裝、食品業前輩，而疫情間的機遇，更令他由衷地感恩。

那是令所有餐飲同業都倍感緊張的 2020 年，一場顛覆世界各地人們生活的疫情，也降臨在台灣本土，對張景舜來說，這是他與夥伴創業三年後從未意想過的轉機——在全台民眾皆無法安心外出享用美食的時刻，作為食品業電商，許多顧客在疫情期間透過網路，找到了摯心五仁辣麻果油，認識這個想成為「配角中的主角」，令人能夠安心享用、品嚐起來又美味的傳統風味醬料品牌。

圖左｜摯心五仁辣麻果油注重食品安全，所有選用之食材皆經過層層關卡的挑選
圖中｜不斷探索創新，將傳統與現代融合，打造出獨特而引人入勝的口味，是摯心五仁辣麻果油精心製作的美食，更期盼每一口都成為與世界連結的橋樑
圖右｜投注心思維護廠房的清潔，讓消費者能放心享用製作出來的食品，是過去擁有深厚餐飲背景的張景舜最為重視的環節

圖左｜辛福、原滿兩款醬料，於 2020 年榮獲國際風味評鑑獎二星殊榮
圖右｜芝足、孜在和 XO 意醬料，帶給品嘗者舌尖上的無限驚喜

別具特色的五仁風味，
吃進滿滿的祝福

初次聽見五仁辣麻果油，會好奇何謂「五仁」，其實五仁正是由五種不同屬性的堅果仁組成，分別是：葵花籽、花生、腰果、杏仁片和白芝麻，再依照不同風味與精心調製的辣椒醬搭配融合，就是顧客所熟悉的「五仁果油」。更有趣的是，研製出的每一款五仁果油，皆有屬於它們的獨特命名：辛福、原滿、芝足、孜在與 XO 意，凡是聽過便會留下深刻的印象；把產品特性和祝福語相互結合，是張景舜和夥伴的精心巧思，其中有美味，有溫情，更藏有無限的祝福，希望每個品嚐過它的人都能平安幸福。

張景舜細心解釋，各種風味的五仁辣麻果油以及它們的特色屬性。辛福五仁辣麻果油，採「幸福」諧音，以花椒、辣椒與五種堅果仁組合，調製小、中、大三種辣度，帶出辛香而鮮脆的多層次口感；原滿五仁胡麻果油，有「圓滿」之意，為經典的日式五仁胡麻醬，用鹹甜好滋味擄獲饕客的味蕾；而芝足五仁芝麻果油，音同「知足」，一款香氣濃郁的堅果芝麻醬，是開啟美好一天必備能量的特色風味。

除此之外，還有兩款非常特別的風味醬料，孜在和 XO 意。靈感總是源自於生活經驗的激盪和想像，孜在五仁孜然果油，顧名思義為「自在」之意，是以孜然、花椒、辣椒與五種堅果仁所調和出的自然風味，品嚐的同時，也宛如在舌尖上探索蒙古大漠般的無畏又自在；XO 意五鮮椿菇果油，其演繹的就是「如意」二字，藉由香椿與香菇的抗氧化與高纖低熱量特性，為日常飲食做健康補給，吃出讓人屢屢吮指的感動美味。

五款五仁果油，從外觀、香氣到味道來看皆有所不同，但它們卻有個令人意外的共同點，「我們製作的醬料都是全素食，因為家人們都吃素，所以想做出他們能安心又健康吃著的醬料，這也是我們的初心。」張景舜補充道，「在素食餐廳工作時，了解在食物裡，最基本原萃的其實就是全素，它能讓每個人都有機會接受，不過也是體會過才知道，對於有些不吃素的消費者來說，會有抗拒和排斥的傾向，所以我們要努力做出讓人吃不出素味的大全素。」

長遠經營的根本：謹記初心

任何品牌從創立到經營，能跨越第五年並非易事，張景舜的經營之道不複雜，他也大方地分享，支持他懷著感恩和正向之心走下去的事業心法。「談到經營，要先回到創業這件事的本質上。我常跟人說，如果要害一個人，請他去創業就對了！在創業這件事情上，要有一定的認知，自己為何而做，對自己本身的狀態有所了解，再選擇是否去做這件事情，你才有一個『初心』。」張景舜所說的「初心」，宛如創業人士的北極星，每當迷路了，抬頭一望便知要往何處走去；走在創業的道路上亦是如此，每當迷失了，回首初心，便能無所畏懼地勇敢走下去。張景舜分享道：「創業意味著接下來沒有穩定的收入、沒有請假的權利，更沒有像在餐廳收到大紅包那樣的機會，樂觀來看，則也意味著收入不再受到限制，時間的運用上將會更彈性及效率，可以手心向下不求人。」

有著屬於自己的一份理想事業，論時間、金錢，都能運用自如，似乎是所有人的夢想，然而，張景舜也提出經營事業的忠告，如何做到真正的永續經營。「擁有錢、權、名、利這些事物後，很容易會忘記創業的初心，所以要一輩子記得，錢和權兩件事絕對不要放在一起，當官勿貪錢，做商人勿想著權，因為兩者碰在一起就像是炸藥和雷管相碰，必然要爆炸；名和利也是，這些都會深遠地影響創業者，因此，警惕自己不被這些事物影響的最好方法，就是謹記自己的初心，品牌才能長遠地經營下去。」

此外，張景舜也提及飲水思源的重要性，他表示，摯心五仁辣麻果油能走至今日，必須感謝過去曾給予創業建議的所有前輩，有他們的建議和帶領，品牌才有繼續向前邁進的動力。最感謝的則是支持自己的家人以及熱情喜愛產品的客人們，其中即有一位令他印象最為深刻的美國客人，他喜歡將五仁辣麻果油作為烤雞和肋排料理的佐料，每回一有機會，便要請他在台灣的親友幫忙買「張景舜」，老闆名字變成醬料的代名詞，令張景舜本人受寵若驚，他感激地說：「市面上越來越多與我們類似的產品出現，不管是大企業或是小工作室，我們非常慶幸走出了屬於自己的品牌，未來我們會以感恩的心去面對每一天。」

目前摯心五仁辣麻果油以網路銷售為主，未來期盼能走出雙北，前往外縣市甚至到國外參展，讓更多喜歡生活美食好滋味的客人，都能品嚐到風味非凡的五仁辣麻果油。

圖左｜不論是趣味零嘴還是美味料理，摯心有限公司研製的五款五仁果油皆能為食物增添與眾不同的風味

圖右上｜摯心五仁辣麻果油禮盒精緻美觀，送禮大方合宜

圖右下｜張景舜帶領著摯心五仁辣麻果油，將獨特的風味醬料帶入人們日常中的每一道料理，成為美味時光中的最佳夥伴

品牌核心價值

"

挚心有限公司秉持對食材挑選的高標堅持,
並在嚴格品質控管的製作過程中,
用傳統的方式呈現食材最真的美味,
絕不添加任何人工香料、色素及甜味劑,
目標是做出自己也敢吃下肚的安全食品。
希望在食品安全上替所有食用者把關,
讓享用美食不再是需要感到害怕的事。

經營者語錄

"

每一日的心境,都是感恩。

台北市大同區迪化街二段 356 號

02-2591-3678

五仁辣麻果油

@zexin.studio

https://www.zexinstudio.com/

木木俪精品咖啡

MuMu2 coffee

培育孩子般用心經營的

頂級咖啡品牌

"

當早晨的暖陽灑落在窗邊，品味一杯香濃的咖啡，並享受此刻的美好時光，等待感官於竄流的咖啡飄香中緩緩甦醒，必是人生一大幸福之事。咖啡的歷史悠久，過去即被廣泛傳播至世界各地，隨著生活節奏的加快，人們更是需要藉由咖啡提神醒腦、增強工作效率；同時，它也在人們的社交文化當中佔據了極為重要的地位，現代人的生活可說再也離不開咖啡。

咖啡之於現代人，不僅是味蕾的享受，更是一種生活方式的展現。木木倆精品咖啡，由長期居住上海、深耕網路食品銷售的台灣夫妻所經營，期盼從磨豆、萃取到品嚐等一連串豐富的變化之間，將品質優良的單一莊園咖啡豆帶給消費者，從感官上給予絕佳的風味體驗，讓融入人們生活的不僅是咖啡，更是打造活力與精彩生活的用心和趣味。

上海的根基，在台灣以生命力延續

　　2020 年初，世界爆發了一場在未來三年內將襲擊全球，規模和殺傷力皆勢不可遏的嚴重特殊傳染性肺炎「新冠肺炎」（Covid 19）。在此期間，全球大大小小的企業與品牌可謂無一不受創，而居住在疫情環境之中的人們，其生活更是面臨了翻天覆地的巨大轉變，木木俩精品咖啡創辦人林東憲和黃姵姍夫妻檔，對此更是頗有感觸，因為他們所共同創立的木木俩精品咖啡，其實就是在那場疫情之中應運而生的頂級咖啡品牌。

　　時光飛快，三年已去，談起創業初期的種種，東憲在言談之間，讓聽者彷彿跟著回到了當年的時空般，再度體驗一次新冠肺炎疫情為生活、工作所帶來的驟變；然而，多數人們在此之中感受到的恐慌和焦慮，在歷練深厚的東憲和姵姍夫妻倆身上，則化作了幾分的沉著與從容，並且在大疫時代中展現出無比的堅強及成熟。

　　「在創立木木俩精品咖啡以前，大約是從七、八年前開始，我已長期待在上海工作，接觸到許多食品業、網路食品銷售和開發等領域，也自己在當地創立一個食品企業，主要在網路上經營食品推廣，例如：小魚乾、中秋月餅禮盒、台灣茶葉等禮品開發，涉略的層面廣泛，銷售也頗為穩定，且持續在進步和成長，可是就在我們決定要在網路上進行更全面、大規模的推廣時，無奈新冠疫情在此時此刻爆發……」東憲回憶並說著。

　　面對當時兩地政府因應新冠疫情所設置的隔離政策，最初東憲全力地配合著，但是每次往返隔離都需耗費數月，眼看這是一場尚未能看見盡頭的疫亂，再加上自己年幼的孩子漸漸成長，東憲決定運用網路通訊的優勢，遠端經營上海的企業，並且回到自己的家鄉台灣，和太太姵姍一起創業，同時方便照顧家中兩位可愛的小男孩。創業者所需具備的樂觀、積極，勇於在挑戰中突破困境的特質，在東憲夫妻倆身上充分展現。

　　關於創業項目的決定，東憲提到，「由於我個人本身對咖啡有所涉略，所以想移植上海的網路銷售模式，找尋適合台灣人喜愛的咖啡豆，經營一個理想中的咖啡品牌。」這是木木俩精品咖啡的背景由來，從挑豆、烘豆、生產到包裝，木木俩精品咖啡除了在咖啡豆的品質上有所堅持，也希望能夠透過充滿巧思的包裝設計，讓消費者感受到品牌的細膩與用心。

圖｜充滿活力和笑容的倆兄弟，正是木木倆精品咖啡創辦人夫妻經營品牌的最大動力

圖｜木木俩精品咖啡用心選豆，追求絕
佳的品質與口感，讓顧客隨時隨地都能
擁有獨特風味的體驗與享受

把持積極學習心態，克服嚴峻食品業環境

木木倆精品咖啡，該名稱顯現了十足的親切與有趣，它的意義為何？其實直白又溫馨，對父母來說，孩子是支持自己行走下去的動力，因此，藏身在這個特別的名字背後的，正是東憲的兩個兒子。東憲表示，「將木木字合起來就是姓氏『林』，生活中稱倆兄弟為木木兄弟，因此將品牌取名為『木木倆』；而英文的 MUMU2，Two 的諧音會聯想成『兔』，所以我們也將兔子視為品牌的吉祥物，印製在品牌 Logo 和產品包裝上。」

以咖啡豆結合兔耳朵的純真形象，增加消費者對品牌的記憶點；同樣地，包裝上所有顏色，亦是以孩子們童趣的特質作為設計的出發點——東憲和姵姍夫妻倆將對孩子們的細心與愛完整地體現在品牌的呈現上，活力和趣味是人們見到木木倆精品咖啡時的經典印象，既能看見無比的用心，亦能感受幾分的暖意。

「我正在學習如何成為一位好爸爸，也希望把照顧及培育自己孩子的心情，投射在木木倆精品咖啡的品牌經營上，希望大家每天都能享有一杯最新鮮和優質的咖啡。」東憲說。夫妻倆所賦予冀望的，即是希望能夠像呵護自己的孩子般，精心萃取出品質絕佳的好咖啡，讓消費者對於咖啡能夠產生不同於以往所期待的非凡感受。

每款精心嚴選並具有代表性的莊園豆，分別以三種焙度，帶領大眾認識精品咖啡豆的美好風味。從淺焙的微酸花果香、中焙的平衡甘甜味到中深焙的厚重口感，消費者可隨心自每款精品濾掛咖啡中，隨選合適自己的嚮往風味；在愜意沖煮咖啡的時刻裡，於飄揚的咖啡香氣之間，呼吸著屬於自己的幸福時光，啜飲著每一口未來終將成為深刻記憶的美妙滋味。

此外，木木倆精品咖啡亦提供客製化的精美禮品盒，適用於公司行號作為逢節送禮之用途，東憲想告訴大家的是，以咖啡送禮也是一個誠意又愉悅的新選擇。

在競爭的市場中，堅持走出自己的風格

　　根據國際咖啡組織（ICO）調查，全台咖啡市場年產值約達 800 億元，咖啡銷量之大，亦造就了前景樂觀的咖啡市場；不同於其它國家，在台灣從便利商店、超市、簡餐店，甚至是加油站都買的到一杯風味尚佳的咖啡，讓人有種全台各行各業皆在販賣咖啡的錯覺，實為妥當且穩步成長的「黑金商機」，令許多新興創業家追逐其後。

　　面對如此廣大的咖啡市場，東憲分享，在創業以前僅是嗜喝咖啡，心態較為放鬆，宛如守護著一個興趣般地樂在其中，然而，當自己真正開始規劃創業並投入咖啡市場之後，便會開始關注同行的品牌風格、店面規劃以及產品類型。他說：「創業之後，會無時無刻都在思考與咖啡、品牌相關的事情，但總體來看，市場競爭激烈未必是一件壞事，這樣的欣欣向榮代表著整個市場對咖啡的接受度跟需求量是很大的，也意味著投入這個領域的創業者相對能夠抓住越多的商機。」

　　在現今競爭激烈的市場中，要抓住商機並非易事。東憲認為，若能抓住對的商機，那麼後續更加重要的是堅持與守成，它亦是決定創業能否成功的主要關鍵，尤其是創業初期，那些日理萬機，奔波辛勤的忙碌日子。「創業前期，你會發現一天 24 小

時根本不夠用，需要不斷地建構品牌、解決問題並且反省改進，總之，困難和挑戰都是必經之路，唯有堅持下去並且勇於突破，才有可能在競爭激烈的市場中獲得成功。」東憲說。此外，不斷地學習和創新，找到不同於其他同業的風格和優勢，緊密地關注市場趨勢和消費者需求，並且及時調整與優化經營策略，是創業每個階段的必行之事。

「許多人會打價格戰，這其實會從根本降低咖啡豆的品質，也需要花更多的時間處理和挑豆，而且低價競爭是會讓人筋疲力竭的；我們要跳脫沒有品質和效率的價格戰，必須完善地規劃品牌和產品的定位，我們想做的就是選擇品質最佳的咖啡豆，雖然成本較便宜豆子貴，可是消費者一定能在打開包裝、沖煮和飲用時，發現它的不同。」在擁擠的市場裡，走出一條屬於自己的路，讓大家在想起木木倆精品咖啡時，有一個值得信賴的美好印象，是東憲和姵姍夫妻倆欲努力達成的理想。

擁有良好的品牌定位和優質產品，接下來所要實踐的，是讓更多消費者看見自己，篩選符合自身品牌風格的咖啡推廣市集，積極報名和參與，在過程中抱持著開放的態度，盡可能地曝光品牌與產品，是促使大眾認識、看見自己的不二法門。

圖｜木木倆精品咖啡推出客製化的精美禮品盒，讓消費者能以咖啡送禮，這個既誠意又愉悅的新選擇，是創辦人東憲的初心理念

圖｜新鮮烘焙就是美味，木木倆夫妻會不定期在青創空間、展場活動、飯店講座課程手沖咖啡給顧客品嚐

共享美好質感生活的青創空間

　　現代人生活普遍繁忙，忙碌於家庭、生活和工作，少有屬於自己的喘息空間，做自己所熱愛的事物。過去長期居住在步調快速、求新求變的上海，東憲深知創造出一個能夠讓人徜徉其中，進行學習與交流的空間之重要性，因此，在談及木木倆精品咖啡的品牌展望時，東憲堅定地說，「我夢想未來打造一個咖啡愛好者能到訪的『青創空間』，它將不只是一間咖啡店，更會成為同好者交會並且激發出共鳴的奇幻空間。」

　　「未來依然會以網路銷售為重心，但是目前我們也開始籌劃開店的計畫，期盼能夠『虛實整合』，打造出一個大家能夠共享的『青創空間』。除了透過與異業結合，創造出不同的吸引力，也希望給予消費大眾『來店等同於放鬆』的概念，讓到店走訪的顧客，能夠參與手作課程、職人分享和文化藝術等活動。」木木倆精品咖啡未來要實踐的，是為顧客打造一個能充分放鬆的空間，同時，享受美好而質感的品味生活，亦是藉由店面的展售，讓消費者能夠切實而直觀地感受到從網路上聞不到的咖啡香氣、未能嚐到的咖啡口感，進而更了解 MUMU2 coffee。

　　對品牌擁有一系列完整規劃的東憲和姵姍夫妻檔，針對品牌的經營之道亦有著自己獨到的看法，「每個人都有一個創業夢，想要當老闆，而我自己也是在成為經營者之後才發現，原來當老闆後想法真的會與從前自己身為員工時不同，老闆不見得是苛刻員工，但是創業實在有太多因素夾雜於其中，在尚未開始盈利以前，一切會傾向於以成本為考量。凡事起頭難，因此，我會建議未來想要創業的人，在正式投入前務必審慎評估、思考以及計畫，觀察自己的想法是否與現實有所落差，在有了較為透徹而清晰的概念以後，再決定是否要嘗試創業。」

品牌核心價值

"

「木木倆」MUMU2 秉持誠信與感謝，
堅持 MUMU2 品牌就像是
自己的孩子一樣細心呵護、用心照顧著。

經營者語錄

"

唯有堅持下去並且勇於突破，
才有可能在競爭激烈的市場中獲得成功。

MUMU2 coffee

@mumu2_coffee

https://www.mumu2.com.tw

IRENE

手作甜點

療癒系美味、
舌尖上的幸福感

"

打開「IRENE 手作甜點」2023 年最新推出的
鐵盒餅乾《櫻花港的勇氣》，宛如開啟一道能
跨越時空、進入奇幻世界的大門，鐵盒中有想
要尋找櫻花貝殼的膽小兔子，也有智慧與勇氣
兼備的大鯨魚，甚至還有嚐起來鬆脆可口的夢
幻沙灘。品牌主理人 Irene（楊霖）不僅是甜
點師，更像是魔法師，她擅長施展天馬行空、
腦洞大開的魔法，將一個個充滿療癒感的故
事，化為美味的甜點和餅乾，讓人們能一邊品
嚐，一邊享受故事帶來的感動和趣味。

捌拾分咖啡為
每個築夢者溫柔打氣

對餅乾情有獨鍾的 Irene，早在高一就讀餐飲專業課程時，就決定要創立甜點事業，就學期間，她利用課餘時間販售各式造型餅乾，研發精緻可愛的扭蛋蛋糕，同時到各縣市進修甜點相關課程，於 2018 年取得日本最具規模，專門培育甜點裝飾、手工藝講師的「JSA 烘焙協會」和菓子講師證。

創業初期，過著蠟燭兩頭燒生活的她，常常工作到三更半夜，但銷售量仍不盡理想，她不時產生「夢想真的能成為職業嗎？」的自我懷疑，但熱愛甜點的她，有著同是烘焙專業母親的支持，仍舊鼓足勇氣，不斷嘗試推廣品牌的各種可能性。創業第二年，Irene 和母親將自家一樓改裝成咖啡店，推出副品牌「捌拾分咖啡」，利用週休二日時間營運，除了販售造型餅乾，也推出鹹食與飲品，希望觸及不同的消費族群，也讓更多人認識 IRENE 手作甜點。

Irene 說明：「我們將店名取名為『捌拾分咖啡』，就是希望勉勵自己，保持初衷，永遠留下貳拾分的空間進步、成長，同時也希望帶給正在勇敢築夢的人們一點能量、為他們加油打氣。」在雙品牌同時營運下，Irene 每日都和時間瘋狂賽跑，她隨身攜帶小本子，利用瑣碎的時間安排工作流程，下課後放棄和同學玩樂的機會，總是匆忙趕回家準備餐點、製作網路訂單，及發想設計新品項。儘管一個月僅營業 6 至 8 天，但憑藉 Irene 用心研發的料理，咖啡店也累積不少常客，其中，最受歡迎的甜點即是「Irene 的調色盤」，顧客能一次吃到 3 至 4 款甜點，她甚至還運用台南在地食材白河蓮子，製作成養生又低熱量的和菓子，讓不少饕客相當驚豔，這個品項當時還獲得教育部舉辦「全國專題及創意製作競賽」的冠軍殊榮。

圖左｜IRENE 手作甜點和捌拾分咖啡品牌主理人 Irene
圖右｜捌拾分咖啡一道道療癒感十足的料理撫慰人心

溫暖味蕾與療癒心靈的鐵盒餅乾

　　咖啡店開業一年眼看已正式步入軌道，在當地也算小有名氣，但 Irene 卻碰上創業以來的第一個亂流，2019 年新冠疫情來襲，為了防疫人們傾向不在外用餐，咖啡店只好進入無限期暫停，但危機即是轉機，由於長期忙碌、身心俱疲，Irene 也總算有機會稍稍喘口氣，為主品牌規劃轉型，這項決定亦成了 IRENE 手作甜點日後能在競爭的鐵盒餅乾市場，奠定基礎的重要原因之一。

　　鐵盒餅乾目前分成春、夏、秋、冬四個季節推出，每季都有符合當時季節元素的主題，在鐵盒中呈現出童趣、可愛的拼圖圖畫。2023 年春季推出的《櫻花港的勇氣》，即因療癒的故事走線，搭配令人食指大動的甜點，一推出沒多久就被搶購一空。《櫻花港的勇氣》由 Irene 發想，插畫家熊子繪圖，故事描述一隻天性膽小的兔子，來到港口，想要尋找有著獨特櫻花形狀貝殼的故事，旅途中，小兔子一直沒找到心心念念的貝殼，還被海水噴得一身濕，抱怨時，卻出現一隻名為「勇氣」的大鯨魚，帶著兔子潛入大海，遇到螃蟹先生、水母小姐等動物，最後，還幫助兔子發現一個寶貴的「禮物」。

　　創作故事時，Irene 不僅希望讀者能透過閱讀，加入小兔子和大鯨魚的旅程，同時她希望能以「甜點」這個媒介，讓讀者欣賞繪本的同時，依序品嚐每一款甜點，來感受櫻花港的樣貌和角色間發生的趣事。故事中的每個角色、元素都有其對應的甜點，以「櫻花港沙灘」而言，Irene 在麵團裡揉入櫻花與胡桃、核桃、榛果等各式堅果，製成口感豐富的雪球餅乾，香氣迷人且具有多種層次，品嚐時，宛如能感受到兔子踩在被太陽曬得暖呼呼的櫻花港沙灘，鬆鬆脆脆，伴隨春日的淡雅花香。

　　過去鐵盒餅乾主要包含餅乾、馬林糖、達克瓦茲等甜點，此次還特別加入琥珀糖，「琥珀糖風乾後，聲音就像在沙灘撿貝殼時，相互敲打而產生的清脆聲響，我希望鐵盒餅乾不只是在外型上呼應繪本，每塊甜點放入口中，也能感受到故事情節的意義。」

　　繽紛多彩的鐵盒餅乾內含多種口味，每一種口味雖獨具風味，卻也和諧共處，彼此襯托出美妙的滋味，讓味蕾得到極致的享受。甜點中代表被泡泡環繞的兔子，即是少見的「可可草莓威士忌麻糬夾心餅」，Irene 精

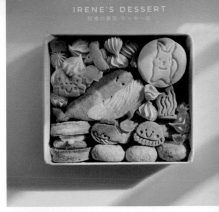

心選用充滿水果芬芳的法芙娜孟加里巧克力調製內餡,再搭配浸泡於威士忌內的草莓果肉與麻糬,食用時甜而不膩,每種味道都襯托得相得益彰。

「有些人看到鐵盒餅乾會覺得很可愛精緻,但也會覺得『這可能未必好吃』,我想,這需要時間證明,當我能在每個作品都守住想要傳遞的理念,時間久了,大家就會願意嘗試。」此次推出的《櫻花港的勇氣》,讓不少粉絲發現,Irene 的甜點創作越來越細膩,繪本故事情節和角色描繪也更加完整。這背後主要的原因是,與熊子多次合作後,她似乎越來越明白自己想做什麼、想說什麼。

Irene 認為創業前期作品雖然可愛,卻內涵不足,隨著一次次的嘗試和時間的積累,現在的作品更能透過蘊含意義的線條、天馬行空的夢境色彩、心靈體悟,與故事和插畫碰撞,讓甜點更富意義。「我相信每盒餅乾都充滿能量,我希望注入療癒的力量,如此便會產生循環,不僅療癒了自己,也療癒需要的人們。」Irene 表示。

圖上│Irene 和插畫家熊子共同創作的《櫻花港的勇氣》

圖下│色彩繽紛、童趣十足的鐵盒餅乾討喜又吸睛,成為許多人購買禮盒的首選

訂閱制：強化顧客黏著度並創造穩定營收

由於目前甜點皆是 Irene 和媽媽手工製作，數量有限，無法大規模生產，常常開放預購沒多久就銷售一空，讓不少粉絲相當扼腕，因此創業第五年，Irene 推出「餅乾盒訂閱制」，讓粉絲一次訂購一整年份、共四季的作品。這樣的訂閱制讓品牌一邊拓展新客群時，仍能有穩定的營收，但對於創作者而言卻是項大挑戰，Irene 必須確保一整年維持充沛創作能量與創意。她說：「訂閱制確實會帶來壓力，必須要有足夠的題材，而且絕對不能有一絲的隨便，我不想欺騙自己，我想粉絲也都看在眼裡。」

對自己有高度期待的 Irene，在創業邁向第五年之際，因長期勞累緊繃和家中毛孩過世，讓身心大受影響，這成了她創業以來面對的第二個亂流，只是這次她需要克服的不再是外在環境，而是內在低落的情緒。「當時剛好疫情大爆發，我整整一百天沒有出去，也沒有想出門的慾望，變得害怕和人群接觸，原先就有的自律神經失調，在這一刻變得更嚴重，光是出門十分鐘或是深夜準備入睡，都格

外痛苦，會不斷乾嘔、情緒低落、莫名哭泣、心悸、恐懼不安，甚至不明白自己為了什麼而活，表面上努力維持正常，只有媽媽和妹妹知情。」儘管身心相當不適，Irene 的內在仍舊不停告訴自己：「一定要繼續守護這個品牌」，工作之餘，她積極向內尋求解答，透過瑜伽、花精與頌缽，嘗試放慢腳步，讓長期快速運轉的大腦有歇息的機會；同時，她利用夜深人靜的時間持續創作，在瑜伽和書寫的協助下，她又創作出更多令人讚嘆的作品。

2022 年她與日本陶藝家ひよこや合作，設計出以陶鳥為主題的創作，Irene 表示，因為她平時很喜歡收集療癒小物，某次在網路上看到這位陶藝家的作品，便相當喜歡，於是鼓起勇氣寫信詢問她，是否能夠合作推出聯名作品。Irene 回憶說道：「儘管洽談時使用的英文，都不是我和陶藝家熟悉的語言，但在這樣的情況下，彼此反而更努力了解對方想表達的，也不吝給予關心、鼓勵與打氣，這次的企劃讓我的信心漸漸強壯。」

童趣味十足的陶鳥鐵盒餅乾，在炎炎夏日推出，以冰淇淋彈珠汽水為主題，設計出哈密瓜蘇打和檸檬彈珠汽水兩款糖霜餅乾，還能吃到夾有黑醋栗果醬、跳跳糖和青森蘋果凝乳霜的厚餡夾心餅，每一款口味都讓人相當驚喜，整個視覺體驗也相當清新。

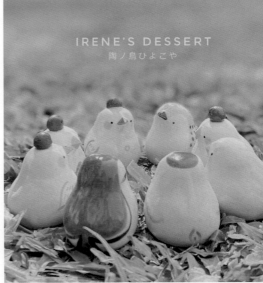

首次與日籍陶藝家合作，對於 Irene 而言是一種跳脫舒適圈的嘗試，她與陶藝家細膩地討論陶鳥的質地，陶藝家也不厭其煩地嘗試，每隻陶鳥都需要經過千錘百鍊、兩次的高溫，才能順利誕生。儘管跨國合作需要花費更多的時間和精神，Irene 仍舊感到無比滿足，「就像是今年推出繪本，所花費的成本比過去製作卡片高出許多，加上因為網路的發達，可能不是這麼多人願意購買實體書，但我還是想這麼做，我堅信只要做自己真正熱愛的事，宇宙一定會助你一臂之力，並且會有人欣賞的。」

圖｜2022 年夏日企劃，與日本陶藝家ひよこや聯名作品

築夢踏實，
前進未完成的旅程

　　回首創業以來的點點滴滴，Irene 相當感謝媽媽一路走來的信任和支持，最初她一邊上學一邊創業，餐飲科的老師及身旁長輩紛紛提出質疑，不看好手工甜點的市場，但有著母親的支持加上堅定的意志，IRENE 手作甜點也從一個默默無名的品牌，展現出更多元的風貌。

　　為了回應不同顧客的需求，Irene 為鐵盒餅乾做出市場區隔，分成常溫與低溫，主題造型不同，內容物、口味也不同。「常溫版」針對喜餅與彌月需求，沒有多餘包裝且環保便利，但內容物比傳統喜餅更加豐富，吸引不少新人與媽咪購買；「低溫版」則依循季節主題創作，有多款奶霜厚餡夾心餅，雖因需要冷凍保存，送禮較為不便，但豐富的口味與細緻的造型依舊吸引許多粉絲預購。

　　「創業過程確實會有很多人告訴你這個想法行不通，想要勸退你、讓你放棄，因此創業者必須堅定，把你內心想做的事情真正做出來。」儘管現在 Irene 偶爾仍會身心不適，但她也努力學習與不適感和平共處，工作之前，她會帶著毛小孩到公園散步、曬曬太陽，嘗試用毛孩純淨的視角，欣賞天空的白雲、飄落的葉子，在看似平凡的日常中發現生命的驚喜。

　　未來，她仍希望創作更多療癒人心的甜點和引人入勝的故事，邀請更多朋友一起探索生命的美好，看見本自具足的勇氣。《櫻花港的勇氣》續集也正在緊鑼密鼓籌備中，期待與更多讀者、甜點愛好者，一起踏上未知的旅程。

圖上｜ IRENE 手作甜點與插畫家合作，繪製專屬明信片，讓甜點不只是甜點，更是能收藏的藝術品
圖中｜充滿創意和獨特魅力的喜餅與彌月禮盒，深受消費者喜愛
圖下｜厚餡夾心餅禮盒

IRENE'S DESSERT うさぎのクッキー缶

IRENE'S DESSERT
冬のバターサンド

IRENE'S DESSERT
バターサンド

品牌核心價值

"

出爐的每片餅乾皆承載著想說的話：
「季節的祝福、夢境的實現、人生故事的轉化」。

經營者語錄

"

追逐夢想的我們也許愚蠢，甚至瘋狂，但如果重
來，我們肯定選擇再來一次；沒有果斷的一躍而下，
等同失去被大海擁抱的機會，也許屬於你、需要你
的那片海域就在這裡，此時、此刻。一次又一次、
盡可能不間斷的創作，成為療癒內在心路歷程的地
圖，沒有一定的目的地或是終點，而是在每次短暫
駐足的地點，我都更加了解自己想表達的是什麼。

給讀者的話

"

世界唯一不變的原則，便是天天在改變。作品亦如此，
歷經不同年、月、日，定會產生截然不同的觸動。

高雄市前鎮區景德路 53 號

IRENE 手作甜點

@irene_handmade_dessert

@ice7317s

恩澤食品

忠於美味與養生的
優良台灣食品

"

隨著時代的演進和生活的富足，在全球歷經多次食品安全危機後，人們對身體健康投以更高的重視，對「吃」的標準也逐漸提高，這一特點不僅體現在現代食品豐富、美味而層次多變的味蕾上，從現今的台灣食品市場中，也會發現有越來越多講究飲食健康、注重食品安全的產品出現。

透過嚴格的品質把關，生產出生機、天然、無負擔的優良食品，讓消費者在生活中享用零嘴時，既能愉悅地吃進美味，更能從其慎選的原物料裡，安心地獲得營養價值；以上所描述的，正是來自台南的恩澤食品有限公司之創新精神與品牌理念，作為一家歷經艱辛走過三十餘年，目前專注於生產優質食品的食品公司，恩澤食品秉持著台灣人一步一腳印的精神，致力於食品流通和創新開發，而近期正以其主打的「媽媽雞蛋鬆煎餅」，在歷久不衰但競爭激烈的食品市場上以「台灣製造、品質保證」全新出發，在其美味和養生的理念訴求之下，掀起了一陣風靡各地的台製食品新風潮，收穫一票愛吃也懂吃的忠實粉絲。

經典食品老牌的創新之路

　　深耕於台南的恩澤食品有限公司，由創辦人石資澤於 1992 年創立，那是台灣食品產業振翅起飛並且蓬勃發展的年代，作為食品產業的一員，恩澤食品和許多其它同業一樣，在光陰的穿梭與飛逝之中，深受大環境變動及市場趨勢的影響，一路走來加倍地艱辛，為因應環境條件與市場需求，持續地進行符合時代潮流的產業轉型。

　　成立至今，恩澤食品已邁入第三十一個年頭，是眾多經典食品背後卓越而精練的製造推手，不過，身為恩澤食品接班人同時也是生產開發部門負責人的石皓安並不滿足於此，對即將邁入而立之年的他來說，勇於創新、挑戰自我、追求卓越，是更為重要的遠大目標。

　　「我父親在食品業界擁有三十多年的資歷，最初他在北部一家專做日本商品的食品貿易公司工作，後來在因緣際會下回到家鄉台南成立了恩澤食品有限公司。由於整個大環境和市場因素，公司一直在轉型，最早是做地區的中盤商，之後轉型專精在品牌行銷和產品包裝，產品主要出口至中國大陸及其他有華人的地區。」石皓安談起父親過往工作和創業的經歷，流露著一股崇敬和嚮往的心情。

　　然而，石皓安亦提到，近年來隨著兩岸的關係越加緊張，不論是供貨方或者銷售通路都出現問題，品牌行銷和產品包裝皆是一條無法有效自主經營的道路，更不適合一家擁有三十多年歷史並且以永續經營為目標的公司來長遠發展，石皓安說，「我跟父親討論，我們要自己做餅乾，除了能夠對原物料進行更全面而嚴格地把關，也能夠追求和生產更符合美味、健康需求，同時擁有高標準品質並達成食品安全訴求的食品，一旦市場開始認

圖｜恩澤食品除了重視食品的品質優良與否之外，也非常重視公司與廠房的環境規劃

識我們，漸漸地也會吸引更多相關通路的合作邀請，進而達到永續經營的目標，這是我們從品牌行銷和產品包裝，正式朝著生產方向做轉型的主要原因。」

長期以來，食品安全一直都是現代大眾積極關注的議題，畢竟食物與我們的身體健康息息相關，而石皓安的願景，即是在嚴苛的大環境與艱難的市場中，生產出生機、天然、無負擔，美味與養生兼具的優良食品，用良心為消費者製造出能夠安心入口的可口餅乾，並且期許恩澤食品成為改善台灣食品產業環境的一份子，因為欲實現真正意義上的食品安全，必須由企業、政府和消費者三方共同有耐心、毅力地付出及努力。

抱持積極學習心態，克服嚴峻食品業環境

畢業於食品加工科，石皓安學習並累積從事食品行業所需具備的專業知識，對於如何將天然食材轉變成安全、健康又美味的食品相當在行，再加上自高中時期即開始在家中公司恩澤食品幫忙品牌行銷和產品包裝等工作，對於食品的多樣化和品質標準有著深刻的敏銳度，綜觀來看，其對食品加工科學基本原理和發展趨勢之見解，實屬台灣食品業不可多得的人才。

「我從高中開始在家裡幫忙品牌行銷和產品包裝，大學畢業後隨即投入公司生產和研發的項目，遇到的困難其實不少，問題總是一直出現，而對它最好的回應就是解決每個迎面而來的問題。先以設備的部分來說，公司在我大學畢業後開始製造食品，大家都是初次接觸生產設備，因此，需要花大量的時間了解機器運作的方式，學習不同機器定期保養的方法，把整台機器摸透，才不至於在機器出現問題時，停下過長的時間而影響生產進度，也才能順利達成完整的製造流程。」石皓安分享自己接觸生產設備的種種經驗，他接著說，「另外，配方也花費我們大量的時間進行研究和探討，所幸畢業於食品加工科，系上的老師總是在我從事研發期間，給予我食品加工專業上的指導及協助，讓我能夠順利地完成研發項目並開始生產製造。」石皓安言語中對他的「恩師」充滿了感謝。

　　不過，回到現實層面，面對食品市場的高度競爭，最令石皓安憂慮的莫過於產出食品後的銷售問題，他談到，「生產出食品後，我們首先要面對的問題就是銷售，市場上流通的食品非常豐富、多元，如何讓客戶看見、認識並信賴我們是極為重要的關鍵點，而在市場開發這部分則非常需要人脈。」其父親石資澤在食品業界行走三十餘年，收穫了相當程度的人脈資源，目前石皓安正以謙卑姿態與父親一同拜訪客戶，將自己所研發和生產的食品之用料、特色，一併介紹給客戶。「從前我都在廠內幫忙，現在我與父親一起走出去多加認識客戶，希望銷售的部分也會越做越好。」石皓安對未來充滿期待和信心地說。

　　由於過去市面上層出不窮的食安危機，以致於法規對於食品業的規範越來越嚴苛，使得食品業者必須在生產過程中投入大量的成本，再加上銷售通路整合之後所要求的低競價，食品業者最後能收穫的毛利空間極低。面對如此嚴峻的食品業環境，石皓安認為努力將品牌價值做出來，度過所謂的「品牌陣痛期」，是在該環境中生存下去所需擁有的正面心態，他說：「接下來我會努力地去實現理想，做到符合父親、消費者的期待，現在也遇到越來越多的客人跟我說『餅乾真的很好吃』，我想，那是過去的我未曾擁有過的成就感。」

圖｜親自參與食品製造流程中的每個環節，石皓安期盼能為消費者帶來全新的味蕾體驗

「媽媽雞蛋鬆煎餅」：
雞蛋含量驚人的真材實料

客人口中所說的「餅乾」，其實就是恩澤食品這款形狀宛如雲朵、小巧可愛的「媽媽雞蛋鬆煎餅」。有別於一般口感硬實的煎餅，孩童和年長者難以輕鬆入口，鬆煎餅則是以同樣的製作方式保有煎餅的本質，並在鬆軟度上調整成適合每個人就口的特性。「由於我本身喜歡煎餅的味道，但是不喜歡煎餅的硬度，因此在研發過程中便針對軟硬度進行改良，在經過多次的調整後，製作出現在的鬆煎餅，不論是小孩或長輩吃，都可以在口中慢慢化開。」石皓安欣喜地說。

若更為深入地了解媽媽雞蛋鬆煎餅，即會發現它與眾不同的驚人之處。石皓安表示，「鬆煎餅是第一款完全由我們自己挑選原物料並生產出的產品，最令我們感到驕傲的地方是，鬆煎餅的雞蛋全是由農場新鮮直送，送達後我們會全部使用，不留下任何庫存，而且鬆煎餅內的雞蛋含量（雞蛋與麵粉比例）高達 40%。」

採用簡單而扎實的真材實料，不添加防腐劑和人工色素，恩澤食品以嚴格的質量控管，生產出天然、無負擔，兼顧美味與養生的健康零嘴，在新鮮、原味、天然的風味之下，讓消費者吃進滿滿的幸福。目前所研發的口味多元，從基本款的原味、蜂蜜、咖啡，到特別款的鳳梨、伯爵紅茶、紅玉紅茶，皆可在官方網站、寶雅以及活動檔期間的便利商店購買。「我們希望生產出的食品是新鮮又天然的，所以對原物料的挑選十分謹慎，比較過眾多的廠商，並且從中做出對消費者健康最優質的選擇。」石皓安表示。

圖｜媽媽雞蛋鬆煎餅，採用農場直送的新鮮雞蛋，以真材實料進行製作，口味多元且口感扎實

愜意喝茶、吃餅、談天的
安平假日體驗店

座落在南台灣的台南安平，由於發展甚早，其歷史可回溯至四百年前，因此擁有眾多寶貴的歷史遺跡與深厚的人文底蘊，為台灣歷史最為悠久的城區之一。不分往昔今日，每年皆有大量的遊客湧入安平，走訪當地古韻猶存的歷史建築，例如：安平古堡、億載金城和安平樹屋等；此外，熱鬧的傳統街道與特色美食老店，亦吸引無數來自各地的饕客前來品嚐，每一種美食皆散發出令人回味無窮的香氣，驚動著人們的感官與味蕾，並且造就台南負有「台灣美食之都」的封號。除了上述暢遊台南安平的幾種方式，旅遊當地的旅人亦可利用週末假期，前往恩澤食品於安平所開設的「假日體驗店」，其以「免費、奉茶、試吃餅乾」為主題，在簡約而質感的室內空間裡，為任何想試吃、品嚐「媽媽雞蛋鬆煎餅」的客人服務。

石皓安表示，「與其將宣傳的費用花費在效益有限的廣告策略上，我們傾向於開一間假日體驗店，讓顧客能夠在週末時段攜家帶眷親自到店裡來試吃。試吃是推廣食品最親切而直接的方式，倘若客人喜歡，就可以直接在現場購買我們的鬆煎餅；最近體驗店和官方網站開始上架最新的肉桂鬆煎餅，希望能得到大家的喜愛。」

其實，石皓安接手恩澤食品之際所賦予的目標和理想簡單中不失樸實——人人都能從恩澤食品所研發生產的餅乾裡吃出健康又幸福的味道，就是他最殷切盼望之事。身為一位期望著女兒健康、快樂成長的父親，石皓安洋溢著愉悅的語氣說著他的夢想，「看著女兒抱著自家製造的鬆煎餅，坐在沙發上開心地吃著，我也希望天下所有父母都能擁有同樣的喜悅。」

圖｜位在安億路 138 號的安平假日體驗店，環境簡約而質感，吸引許多喜愛鬆煎餅的顧客前往試吃、選購

品牌核心價值

"

本著台灣人腳踏實地、一步一腳印的精神，
致力於食品流通與創新開發，
以嚴格的質量管控，生產出生機、天然、
無負擔、兼具美味養生於一體之優良食品，讓
消費者在享受美味的同時，
還能兼顧到養生的好處。

台南市永康區中正路 217 巷 1 號

06-203-5858

恩澤食品 / 媽媽雞蛋鬆煎餅

https://enluen.tw/

與萌寵甜蜜創業，
奶酪用心傳遞幸福滋味

"

奶酪，一款全球知名的甜點，以其獨特口感和
多樣化風味贏得無數大小朋友的喜愛。但對於
害怕奶味的人而言，往往只能對奶酪敬謝不敏；
然而，在眾多奶酪品牌中，名為「J.son」的甜
點品牌卻成功虜獲那些對奶製品敬而遠之的消
費者，J.son 究竟擁有什麼樣的甜蜜魔力？一
起來探尋背後所隱藏的秘密吧！

頂級純手工奶酪，
健康美味雙重保證

　　「明知山有虎，偏向虎山行」可謂是 J.son 品牌主理人 Irene，選擇奶酪作為創業主題的最佳寫照，自小總是害怕飲用牛奶的她，初次創業便決定正面迎向挑戰，將她對甜點的熱愛與對牛奶的畏懼相結合，希望能創造出一款讓不愛奶味的人，也願意嘗試、甚至愛上的奶酪。為了尋找能製作出美味奶酪、讓擁有「重度牛奶恐懼症」的人也敢入口的原料，Irene 勇敢遍嚐市面各大品牌、在地小農及新興牧場的奶品，經過一次又一次的品嚐與篩選，總算找到心中的完美牛奶：北海道四葉鮮乳。

　　北海道四葉鮮乳以 100% 無調整生乳製成，最大程度保留天然、原始的乳香，且口感清爽、細緻滑順，獲得日本「全國飲用牛乳公正取引協議會」的「特選」認證，這樣的特色使得 Irene 得以克服她對牛奶的恐懼，也讓她相信此款鮮奶即是製作奶酪的絕佳原料。再者，為了確保奶酪口感更加細膩，甜味更加溫和，J.son 奶酪特別選用日本上白糖，同時不添加防腐劑。Irene 表示：「我相信 J.son 奶酪能讓和我一樣的人不再畏懼牛奶，重新接受奶製品，獲得牛奶的豐富營養。」希望每個消費者食用產品時，都能品嚐到最佳風味，J.son 堅持在出貨前一天以純手工製作。

　　Irene 深信優質的產品除了美味也須兼顧健康，因此，在精選高品質、成分單純的原料基礎上，她還運用被譽為身體的「超級食物」，有著高

圖｜擁有天然奶香的頂級純手工 J.son 奶酪，背後蘊藏真誠、友善環境與關愛生命的理念

可可含量的「100% 無糖無添加黑可可」
製作成巧克力口味，讓奶酪更添營養價
值。此外，J.son 還貼心地附上焦糖杏仁
脆粒，讓食用奶酪時的口感更加豐富有
層次。擁有餐飲相關專業的 Irene，研發
產品時並未碰到太大的挑戰，但對於運
輸環節卻著實傷透腦筋。

　　不少奶酪品牌會使用塑膠材質作為盛
裝器皿，但考量到塑膠會對生態環境帶
來不良影響，Irene 選擇可回收、且能確
保奶酪品質和口感完美呈現的玻璃杯。
雖顧及了環保，但這項決定同時也增加
運輸難度。玻璃杯易碎，需要格外注意
包裝保護，才能防止產品在運輸過程中
破損，「雖然我知道部分塑膠材質有較
高的耐熱程度，但為了讓消費者沒有任
何健康疑慮，且製作過程更友善環境，
我還是選擇玻璃杯，以更高品質的樣貌
呈現給每一位喜愛 J.son 的消費者。」

愛犬 Hanson 成靈感，甜蜜共創品牌獨特形象

在競爭激烈的奶酪市場中，要讓自家品牌在創業初期即脫穎而出，實是一大挑戰。不少消費者在認識 J.son 奶酪前，最先被別具風格、充滿個性的外包裝所吸引；Irene 巧妙地設計愛犬 Hanson 的圖像，將其融入貼紙和包裝中，讓產品呈現出有趣、溫馨的氛圍，也融化不少愛狗人士的心。Irene 透露，其實決定創業最主要也是因為狗狗 Hanson，Hanson 之於 Irene 不只是寵物，更像是 J.son 最重要的「合夥人」。

回憶起在寵物店第一次見到 Hanson，Irene 看著不滿一個月的牠，似乎有種老友久別重逢之感，因此當下就決定要帶著牠一起回家。Irene 感性地說：「自從 Hanson 來到家裡，我深知自己要對牠負起責任，因為在牠眼中，我就是牠的全世界。過去六年來，Hanson 陪伴我共度生命的酸甜苦辣，我明白有一天牠可能會離去，

因此我希望透過創業，與 Hanson 一同完成一件意義非凡的事情。如此一來，即使將來牠不在了，我仍能感受到牠的陪伴。」

　　品牌名稱 J.son 取自「姐的兒子」同音，表達 Irene 對愛犬的寵愛之情。她強調：「我都說我和 Hanson 一起創業，這並不是開玩笑，像是產品包裝的視覺設計，我真的會請牠一起來和我挑選呢！」印有 Hanson 喜怒哀樂貼紙的奶酪瓶，更具品牌辨識度，使消費者能在一瓶瓶奶酪中，看見承載著 Irene 和 Hanson 對美食、對生命和對環境的熱情，這樣別具溫度的包裝也讓消費者更願意將其作為禮物，贈送給親朋好友、分亨品牌的理念與愛意。

圖｜J.son 的另類合夥人是目前已經六歲的臘腸犬 Hanson

網路曝光與部落客真誠合作，助攻品牌崛起

品牌成立初期，為了讓 J.son 奶酪脫穎而出，Irene 首先運用網路媒體曝光產品，為 J.son 增加可見度，自 2022 年底起、短短數個月，J.son 成功吸引知名部落客主動尋求合作機會。與部落客合作時，Irene 強調真誠原則，她提醒部落客，若對產品不滿意，就不需要因合作關係而勉強分享；然而，多數部落客在品嚐過 J.son 的健康奶酪後都讚不絕口，使得創業初期，J.son 即獲得網路一致好評。

科技教父 Kevin Kelly 曾提出「一千個鐵粉理論」，他認為創作者或網路創業者只需擁有一千名真正支持和認同的鐵粉便能維持生計，因為這群粉絲對創作者或品牌擁有強烈的認同感。如何在茫茫的社群媒體中找到這一千名鐵粉，Irene 坦言，現今她仍在學習數位媒體行銷，「由於我過去的工作沒有太多機會觸及數位媒體行銷，創業後才逐漸摸索，如 Google 商家資訊、關鍵字廣告、蝦皮平台及社群媒體經營，因此有更多機會學習不同領域，為我帶來不小的成就感。」為了能在網路世界中被看見、被分享，不少品牌都會投注大量資金於行銷廣告。然而，Irene 不樂於花費過多廣告費用來換取空洞的粉絲數，她認為這無助於品牌的長期發展，因此她更希望將行銷焦點放在與顧客建立真誠關係，獲得消費者信任。

從 2023 年 3 月正式開賣，J.son 營業額比預期中更優秀，她表示，最初開賣時心情相當忐忑，尤其初期購買的人一定是親友，「直到 3 月底，真的有一個完全不認識的人訂購，當時讓我相當開心，還和 Hanson 一起擊掌呢！」Irene 開心的笑著說。從親友間的口碑傳播，到網路上的陌生銷售，J.son 一點一滴開始建立穩定顧客群，Google 評論上也累積近 40 則的 5 星評價。對於銷售成績，Irene 不會給予自己過多的壓力，「我認為只要每個月的成績有比上個月增加，即使只是增加一塊錢，也是一種進步。」

圖｜可愛的產品包裝，加上高品質奶酪，J.son 獲得不少正面的網路評價

兼顧正職與創業，累積深厚底氣發展事業

　　創業以來，Irene 一路秉持無所畏懼的精神，她相信只要努力地不停嘗試、學習、調整，一步一步優化產品與服務，必定會有所收穫。儘管她曾經也因為對印刷不熟悉導致印錯包裝貼紙的尺寸規格，讓她初期損失不少錢，但她依然保持樂觀心態。「當上班族時，曾碰過老闆短短幾天內，三番兩次更動決策，當時無法同理老闆，現在自己創業才知道，原來每一個看似渺小的決定，若沒有考慮周全，都會為創業者帶來龐大的金錢損失。」創業後，Irene 更加深刻地體會到老闆與員工之間的思維模式存在本質性差異，這也使得她在工作時更加謹慎周到。

　　做任何事總是勇往直前的 Irene，決定創業時也一心認為非得要全職投入才行，因此 2022 年，她向在職已三年的企業提出辭去特助職位的申請。然而，珍惜人才的公司卻竭力挽留她，「當我提出辭呈時，公司一開始相當不解，他們認為我在公司已經擁有不錯的職位和薪資，而且公司的主管也曾創業過，他們紛紛提醒我創業的

辛苦，我能感受到他們已經把我當成女兒看待，所以希望打消我創業的念頭。」儘管知道創業會遇到各種困難，初期收入也可能不多，每一個錯誤的決策更要自己承擔後果，但她仍想要挑戰自己，了解自己的能力極限，她相信通過創業，能打磨自己不足之處，開創出更精彩的人生樣貌。

幾番溝通後，老闆也了解到她的堅定，但因為愛才惜才，老闆決定給予 Irene 更大的空間，讓她每個月仍能在公司工作 15 天、另外 15 天用於創業。他們希望 Irene 能在品牌建立更穩固的基礎後，再做出全職創業的決定。Irene 表示：「我就是一個很衝的人，我想要做的事就算可能失敗也沒關係，我想公司也知道，像我這樣個性的人攔也攔不住；同時，我也相當感謝公司，老闆是我創業過程中最大的貴人，因為有他們，讓我能夠有更深厚的底氣去實現夢想。」

創業成就感：
從發想到實踐的獨特體驗

在今日的商業環境，越來越多人選擇創業、追求自己的理想生活；很多人試圖找到創業成功的秘訣，事實上，每個創業者的路徑和經歷都是獨一無二的。Irene 表示，創業時機因人而異，但創業者若能預備充裕資金，並有勇於面對挑戰的人格特質及高抗壓能力，或許有更高的成功機率。「創業過程中充滿各種難題，你必須要有強烈意願去接受挑戰，要不然無法在過程中享受樂趣。」她表示。

創業不僅是心理層面的挑戰，還涉及經濟的考量。與穩定的薪水相比，創業可能意味著收入減少，因此，創業者還需要衡量自己是否能承受這樣的經濟變化。對於創業的風險，Irene 採取樂觀且勇敢的態度，比起害怕失敗，她更不樂見的是自己從未嘗試，就永遠待在舒適圈中。她說：「我一開始就想好拿出 100 萬創業，即使失敗了也沒關係，最壞的情況可能就是被嘲笑，但我仍有穩定工作作為後盾。」

談到創業中的成就感，Irene 認為它與上班的成就感有很大區別，因為創業時，每個創意和想法的實踐都是獨特且無可替代的體驗。她表示，當上班族時，成就感多來自於老闆的獎勵和肯定，但創業時，從包裝設計、產品製造，到最終呈現，每一步都蘊含著自己的創意和心血，因此會獲得更高的成就感。正是這種獨特且無法替代的體驗，驅使她不顧風險和各種難題，勇敢地踏上創業之路。詢問 Irene 未來是否還有其他拓展 J.son 品牌知名度的規劃，她表示：「陸續已有些顧客詢問是否有實體店面，我也認為開店是項能增加營收的選擇，但目前我更關注線上營運，並不急著開店，只好請顧客再耐心等待。」

圖│稚嫩的 Hanson 長大後變得更加俊俏

品牌核心價值

"

真誠、友善環境、關愛生命

經營者語錄

"

教育程度並非絕對，
但一定要努力尋找機會磨練、學習。
面對事情，三思而後行，
否則將為自己的錯誤付出昂貴的代價。

J.son

桃園市平鎮區中正三路 77 號

0988-851-461

J.son

@j.son_gogo

@590jpttz

大池
豆皮店

飄香一甲子的
古法手工現作豆皮

"

綿延的稻田和蔥翠的山丘，是許多台灣民眾對台東池上
所保有的深刻印象，在這個氣候暖和宜人的綠意鄉間，
不僅擁有得天獨厚的天然美景，亦蘊藏著璀璨多元的人
文底蘊，而鄉間的故事，其奧妙往往要從歲月的流淌和
生活的感動之中巧妙挖掘。

位在台東池上鄉的大池豆皮店，是一家飄香六十年，專
注於以古法、手工製作出純粹又新鮮豆皮的傳統老店，
在其香煎後外酥內軟的迷人滋味裡，擄獲了無數饕客的
味蕾和心。老店前綿長的排隊人龍，不只是等待著傳承
在時光中的獨特美味，更是共享著那四溢在小徑上的美
好溫情。

古樸豆香，
美味深根台東池上的老故事

　　座落在台東池上鄉間小徑的大池豆皮店，在乳白色鐵皮屋與豆皮棕招牌的相襯之下，流露著一股低調與樸實，招牌上的字樣，隱約透露出店裡使人慕名而來的美味——長方形象徵豆皮、花形象徵豆花、水滴狀象徵豆漿。然而，綿長的人龍使它即使再想低調，仍是難掩其發出的光芒和飄散的香氣，說起大池豆皮店的故事，則得回溯至那個人人勤勉耐勞的純樸年代。

　　1960 年代，曾拜師學藝汲取木雕技法，也因興趣而自學繪畫的老闆曾金木，在退伍後年紀尚輕之時，選擇以自身擁有的木雕、攝影、繪畫等才藝，投身於親戚所開設的工作室，並提供木雕、攝影、代客手繪自畫像等多項服務。數年後，多才多藝的曾老闆因緣際會之下輾轉來到台東池上，一個宛如畫中世界的田野鄉里，由於軍旅時期曾習得熬煮豆漿的方法，也對其純濃的香氣倍感懷念，便毅然決然在 1965 年，於這個人人慢活的樸實鎮上開始經營豆皮店，生產起往後數十年將成為業界經典的手工豆皮。

　　「父親草創經營豆皮店的過程非常辛苦，特別是在過去那個物資頗為貧乏的年代，幾乎所有事情都必須親力親為，像是熬煮豆漿的爐灶，也是由我父親自己徒法煉鋼、一磚一瓦地慢慢堆砌而起。」曾老闆的女兒，身為大池豆皮店第二代經營者的曾秀蓉，將父親數十年前艱難的創業歷程娓娓道來。

　　　一切都是因緣。近六十年前的台東池上，豆皮在當地並不普遍，也非為人所熟知的食材，如何運用豆皮料理出實在的好滋味，當地人對此更是甚感陌生；因此，產品的通路主要批發至當地的素料店，亦或提供給寺廟作為素餐後援。而緣分是如此地巧妙，因一次偶然的機遇，一位親切熱心的媒人婆路過豆皮店時，發掘了年輕有為、正在努力工作著的曾老闆，便決定為兩家做媒促成一段良緣，更巧的是，老闆娘的祖父長年茹素，早已對曾老闆留下深刻的印象，這椿姻緣喜事便迅速地被促成，老闆與老闆娘夫妻倆開始齊心協力一同打拚，開創出豆皮店不同於以往的一片天。

圖｜曾金木老闆夫婦為大池豆皮店共同打拚近一甲子，其對產品品質、品牌理念的堅持令人敬佩

燃料的演進史，訴説著辛勤與刻苦的歲月

　　創業路漫漫，充滿了艱辛，每一步都是汗水與淚水的淬煉，曾老闆經營大池豆皮店一路走來，也經歷過大大小小的荊棘；最初，「燃料」的選擇則是曾老闆首先面臨的問題。作為維持產線正常運作的關鍵角色，燃料影響著火源的穩定性，而唯有穩定火源，才得以掌握豆皮的品質；為找出穩定的火源，曾老闆夫婦亦經歷了一連串的挑戰與辛勞。

　　曾秀蓉表示，「創業之初，我的父母以上山砍柴這樣就地取材的傳統方法作為燃料的來源。每天結束工廠的工作後，便上山竭力地四處尋覓可用之柴，再辛苦地踩著腳踏車將柴材載運回家，體力負荷超乎常人想像；然而，隨著時代的演進，土地逐漸被開發，致使木柴的取得難上加難，再加上搬運過程中經常耗損體力，甚至導致身體受傷，上山砍柴作為燃料來源的作法並非長久之計，父母便積極開拓其它的燃料來源。」

這回，曾老闆夫婦尋得了稻作粗糠代替木柴作為燃料的來源。粗糠，是稻米收割、碾米後所剩餘的稻殼，雖然它能迅速燃燒，提供充足的火源，但是粗糠的獲取時段，則被限制在稻作的收割期間；為了擁有足夠的使用量，騰出能夠囤積粗糠的空間是必須的，只是其分子小、表面積大的特性，極有可能造成閃燃或爆燃等後果。「我的叔公即曾因爆燃意外，燒毀一段眉毛。」除了需避免堆囤粗糠可能導致的危險意外，還需克服它所引發的皮膚過敏等不適症狀，粗糠似乎也非製作豆皮流程裡的最佳燃料來源。後來，曾老闆夫婦也曾選用柴油，直到今日所使用的瓦斯，這才尋覓到最為穩定的火源，開始循環不息地穩定供應每日的豆皮生產。為解決創業的艱難，曾老闆投入的便是數十年的歲月，一切是多麼的可貴不易。

關注健康，
選用豆類亦要與時俱進

隨著時代的變遷，新興的觀念為人們帶來了嶄新的生活方式，其中，現代人對「飲食健康」議題的關注與重視，更影響了人們於日常生活裡選擇食材的想法。曾秀蓉談到，「隨著人們對健康的關切日益增加，飲食上做選擇時也越加謹慎，早期常見對健康有潛在風險的基改黃豆已被時代所淘汰，而為了確保顧客的飲食安全，我們店內選擇採用經過嚴格篩選的非基改黃豆，其對人體更有益處，並符合現代人對食品品質的追求。」

從基改黃豆到非基改黃豆，汰換的過程並不是一件簡單的事，首先必須克服的，是成本與定價之間欲達到平衡所陷入的兩難。在市場全面推動使用更令消費者安心食用的非基改黃豆以前，基改與非基改黃豆原料之取得成本已有數倍的落差，汰換基改黃豆無疑是對長期以薄利多銷作為經營策略的曾老闆夫婦，造成了難以招架的成本負擔；可是，選用非基改黃豆是時代中勢在必行的全新方向，調整成本與定價亦是必然的結果。

「面對老鄰居數十年來的支持，我的父母對他們懷以感恩與珍惜的心情，始終不願調漲豆皮的售價，但是眼看採用非基改黃豆已是未來的時代趨勢，在如此新舊交替的過渡期之間，我必須痛定思痛找出解決的辦法。」曾秀蓉分享道。嘗試過各種方法，最後，曾秀蓉決定放慢腳步，以「分區實驗」的折衷方式，說服父母調整售價以應對早已高漲的成本。所謂的分區實驗，即是以每週一至兩天的頻率，推出單價較高的非基改黃豆產品，用「試水溫」的方式觀察老主顧對調漲售價的反應，未料，老鄰居們對非基改黃豆的接受度比想像中來得高，亦有越來越多的顧客指定購買非基改黃豆產品。對此，大池豆皮店等待時機成熟，淘汰了過往的基改黃豆，目前全面採用非基改黃豆製作店內的三大招牌——豆包（豆皮）、豆花、豆漿。

圖｜大池豆皮店於 2012 年透過農村再生計畫，由原來
的家庭式工廠生產豆皮和豆包，轉型為兼營門市小吃
店，販售煎豆包、豆花及豆漿

非基改黃豆製作的好滋味：
香煎豆包、溫潤豆花、新鮮豆漿

在台灣，豆皮、豆花和豆漿是深受喜愛的傳統經典美食，這些美味佳餚都以黃豆為主要原料製成，為人們帶來豐富的營養價值和多樣化的口味享受。不論是滑嫩可口的豆皮，或是溫潤清爽的豆花，還有新鮮營養的豆漿，它們都是台灣人日常生活中不可或缺的美食之一。大池豆皮店深知這些傳統美食的重要性，因此專注於提供最優質的豆皮、豆花和豆漿給顧客品嚐，從選用非基改黃豆開始到精細的製作過程，每一道食品皆是精心製作，追求著最高的品質與口感。

欲製作出品質好、口感佳的豆包（豆皮）、豆花和豆漿，在大池豆皮店裡，一切皆有其細節與講究。為確保每天能夠提供顧客新鮮現做的產品，緊鄰門市旁的工廠生產線之製程早早就展開——在前一天晚上，即須開始耐心地進行黃豆的清洗和浸泡工作，以確保豆子的品質和潔淨，而次日凌晨則須早早起床準備磨豆和煮漿，豆漿的濃稠和風味在此刻緩緩飄散開來，吸引早起的顧客上門。

大池豆皮店研磨和熬煮的不只是黃豆，也是曾老闆長久下來的一股堅持和一份信念。數十年來，曾老闆每天以新鮮、香濃的現煮豆漿手工製作出金黃色澤的優質豆皮，香煎至外酥脆內軟嫩的口感後，便成為店裡菜單上的招牌「香煎豆包」，除了豆包和豆漿，吃起來溫潤綿密的豆花也深受客人們的喜愛。

來到大池豆皮店，簡單而愜意地享用一份營養美味的早午餐並非難事，特別是和家人、朋友在此一同享受著美食的愉悅，交流著生活的點滴。無論是當地居民亦或慕名而來的遊客，香煎豆包的滋味、大池豆皮店的身影悠然自得地成了光陰裡令人感受到溫暖、感動、難以忘懷的一道美好風景。

圖｜大池豆皮店的常客都知曉，金黃酥脆的香煎豆包搭配口感獨特的泡菜，再配上香純濃郁的豆漿，堪稱早午餐絕配，是為經典中的經典

將父母傾注一生的用心，
打造為遠近馳名的經典品牌

歲月如梭，匆匆而過，轉眼間大池豆皮店的歷史將邁向一甲子，曾老闆女兒曾秀蓉說：「自幼即有接觸店內的工作並幫忙父母製作豆皮，隨著父母逐漸年邁，身體無法繼續負荷勞力密集的工作，適逢店裡生意蒸蒸日上，在廣大顧客希望我們能夠持續經營的期許之下，兒女們本著傳承家業的信念，紛紛辭去工作，或於退休後投身豆皮店的生產及經營。」

曾家兒女接手傳承的不僅是家業，亦是珍惜且不辜負父母傾注一生的心血，並冀望能將曾老闆一甲子的堅持與信念久遠流傳。曾秀蓉語帶不捨地表示，遙想當年長輩們在科技尚未發達、生活也不盡便利的日子裡刻苦奮鬥確實不簡單，為人子女的她對父母更滿是疼惜，「現在工廠產線的一鍋十六格，其實是從最早一鍋八格開始演變而來的，由於尚未能擴大工廠的量產規模，因此每次產線擴張或更換物料，都必須身體力行地實驗和紀錄，並經過數據上的交叉比對找出其中的完美比例。」一步一腳印，是大池豆皮店蛻變的過程裡，最真實的樣貌。

食品業即是一門良心事業，大池豆皮店好吃的秘訣，在於曾老闆夫婦倆一開始就注入其中的用心，堅持純天然和傳統手工之外，誠信亦是經營的不二法門。「隨著時代持續推前，身為傳統老店的我們不故步自封，在父母輩含辛茹苦建立起優良的口碑基礎後，子女們也高瞻遠矚、同心協力地傳承店裡的好滋味。」曾秀蓉努力掌握自家最寶貴的技術與製程等核心原則，促使早期代工廠的角色得以扭轉，成功地擠身為遠近馳名的經典品牌，永續傳承自家獨一無二的幸福好滋味，或許這正是曾老闆夫婦人生中最為欣慰之事。

品牌核心價值

"

大池豆皮店是一家飄香六十年，
專注於以古法、
手工製作出純粹又新鮮豆皮的傳統老店，
堅持採用非基改黃豆，
除保有食材品質的穩定性，
亦讓顧客在品嚐香煎後外酥內軟的迷人滋味時，
兼顧現代人所關注的飲食健康新哲學。

經營者語錄

"

食品業即是一門良心事業，堅持純天然和傳統手工之外，
誠信亦是經營的不二法門。

台東縣池上鄉大埔路 39 之 2 號

0952-011-556

大池豆皮店

KiNen

葉雕

將心意刻劃成
永恆的美好雕琢

"

生活中充滿了無數個令人難以忘懷、值得紀念的時刻,長久以來人們喜於以贈送具特別意義的禮物為形式,表達發自內心深處的真摯情感;其實,送禮不需要千言萬語,有時候只需要細巧地收藏起一雙熟悉的眼神與一段深刻的記憶,就足以響亮地觸動心靈。

KiNen 葉雕,以日文「きねん 記念」的音譯為命名,期盼透過全客製化之葉雕服務,將過往所有美好動人的回憶,一筆一劃精細而生動地刻入一片片自然純粹的葉子裡;在賦予每個紀念日不平凡的心意,為大眾打造專屬彼此的精心時刻之時,KiNen 葉雕亦取得台日專利認證與舉辦葉雕工作坊教學,將這門充滿價值與意義的現代工藝技術傳承予新　代藝術家,延續藝術所引領的不凡使命,也在溫馨感開始蔓延、凝結於每個平凡瞬間的時刻,一同成為傳遞幸福的唯一。

始於週年紀念禮的獨特創「葉」靈感

　　幸福，是永恆的嗎？從 KiNen 葉雕的視角來看，答案是肯定的——而且，永恆不再只是抽象的概念，藉由其品牌主理人顏璟全所開創的現代工藝技術，它已是可流轉於指尖的時間印痕，並成為人們心中溫暖與悠遠的存在。

　　在特別的葉雕藝術正式闖入顏璟全的個人生活以前，他在一家生技公司任副總經理一職，擁有充裕薪資與穩定生活的他，未曾想過此生會創業，而創業的起點竟是由一份送給老婆的結婚週年紀念禮物「葉雕」所開啟。「第一次遇見葉雕這項藝術，我被其獨特性和巧妙地結合自然與藝術的方式深深吸引，那一刻，我認識到了這項工藝的美和其背後的無窮可能性。我希望將這種美帶給更多的人，讓他們感受到與大自然緊密相連的藝術。」顏璟全回憶著。

　　由於在台灣尚未有人掌握現代葉雕相關技術，顏璟全決定自己從零開始研究。從挑選適合雕製的葉子，經過葉片乾燥及整平等多重工序，到最終創造出專屬於葉雕的現代工藝技術，他投入了將近三年時間琢磨經驗和技巧，雕劃失敗的葉片幾乎能夠拼湊出一棵樹，是他所述需要耐心、堅持以及不斷學習，並在每一個教訓和挫折中重新站起，不斷優化技術的艱辛路程。

　　顏璟全針對創業過程娓娓道來：「當時都是利用工作閒暇之餘進行鑽研，尋找合適的供應商，學習葉雕的各種技巧，更制定了一系列的商務策略，希望能夠在這片藍海市場中占有一席之地。我認為，葉雕不僅是一種藝術品，它同時代表著一種文化和生活態度。」隨後，顏璟全創建起自己的公司，打造出獨一無二的品牌「KiNen 葉雕」，成為了一名傳遞幸福、收穫笑容的品牌使者。

由於對葉雕藝術的熱情深沉而源遠流長，顏璟全下定決心要將這份美好分享給更多人，而那令他難以忘懷的第一份訂單，則深深地烙印在他心中，他分享著：「這位客人給了我兩張照片，一張是她典雅的畢業照，另一張是她年幼時媽媽從背後緊緊抱著她的瞬間，照片裡她的媽媽眼中透露出對女兒深沉的愛與保護；然而，她卻告訴我，這位慈愛的媽媽已經去了另一個世界，她希望我能將兩張照片融合，刻劃在同一葉片上。我知道這不僅是技術上的挑戰，更是情感的呈現，於是我用盡心思將兩張照片融為一體，就像時間和空間都不能阻隔她與媽媽的深深情感一樣；那片葉雕不僅記錄了她的成長，更是一張充滿思念和愛的畫面。當她收到葉雕時，我看到她眼中閃過的淚光，那一刻，我深切地體會到了 KiNen 葉雕所能傳達的情感深度，也明白了我們所做的，遠不只是一件藝術品，更是一段永恆的回憶。」

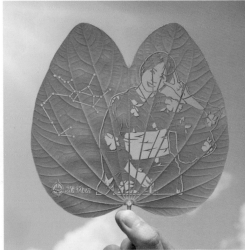

圖｜世界上沒有完全一模一樣的葉片，每一幅葉雕作品亦是獨一無二的，講述著不同人生之下的精彩故事，光陰從此停駐於這份大自然的禮物上

小眾市場之品牌識別：
挑戰與機會並存

　　葉雕不僅是一件卓越的藝術品，更是人們永恆的記憶之鑰。熟稔葉雕的人無不被它的意義所打動，被它所呈現的美感所震撼；然而，即便這門藝術總是受到接觸過它的人之喜愛，事實上，葉雕在台灣的知名度相對於其他藝術領域仍屬有限。在顏璟全看來，這並非迷惘，而是一種啟迪，正如過去毅然決然辭去高薪職位，夢想開拓出屬於自己一片天，他對此亦是透徹而明白的。

　　「將葉雕這項藝術推廣給大眾是一大挑戰，因為它在市場上仍然是相對小眾的；再者，要讓每位客戶都能體會到我們的品牌概念和其獨特性，這需要更加精確的品牌訴求和定位。為了克服這些困難，我們針對品牌訴求與目標客戶進行了深入的研究，我們不僅希望 KiNen 葉雕是一項藝術，更希望它能成為每一位客戶心中的特別

回憶，因此，我們強調每一件作品都是獨一無二、專為客戶特製的。」顏璟全表示。將品牌定位為高品質與客製化的藝術形式，未來計畫與更多教育機構、藝術展覽合作，他深具信心地說：「我堅信，只要有良好的品質和創新的設計，人們自然會被吸引。」

對於顏璟全而言，創業不僅是踏上一趟多變世界的冒險，更是一次深入內心的自我探索，一段尋找清晰自我軌跡的奇妙旅程，以「自在」形容他沉浸於創業旅途中的感受再適合不過。這條路徑不僅是成就的起點，更賦予他內心的充實感，他真切地說：「因為對於自己的未來有了更加清晰的定位，使我在商業決策時更加有信心，我也從中體會到了自律的重要性，這種自律不只是日常生活中的規律，而是對自己的夢想和理想有一份堅定的執著。」

描繪出 KiNen 葉雕的未來藍圖，並懷有耐心與毅力一步步將夢想凝聚實現，最後從台灣的土地出發，帶著理想向遠大的國際舞台邁進，是顏璟全當前主要的使命，他更進一步深情地闡述，創業至今妻子總是默默地在一旁支持著，她是他能跨越起伏不定日子的力量源泉，是今日輝煌背後的靈感之源。「當我回頭看這一路走來的點點滴滴，我最想感謝的還是我生命中最重要的貴人——我的老婆；她不僅是我的伴侶，還是我最大的支持者。在我最迷茫和困難的時候，她總是堅定地站在我身邊，用她的方法給予我力量和鼓勵，她的支持和愛，不僅使我更堅強，也使我明白真正的成功與喜悅不只來自事業上的成就，還有與之共度的那個人。」

圖｜ KiNen 葉雕提供全客製化之葉雕服務，搭配質感相框與精緻禮盒，讓送禮的心意隨著盒中之光的溫度別緻起來

以匠心刻劃葉片——
具台日專利認證的現代工藝

在家人默默支持與守候的陪伴下，顏璟全以愛的能量，全力投注於 KiNen 葉雕的品牌發展，為有效拓展品牌之影響力，其首要之務是在尚未飽和且可能遭遇風格模仿的台灣及日本市場中取得多項專利，以保護 KiNen 葉雕獨有的技術與創意，進而持續為客戶締造出優質與創新的體驗。

顏璟全介紹：「我們提供的是全客製化葉雕服務，可由客戶從羊蹄甲、梧桐葉和楊樹葉三種葉片中選擇葉片類型，原木色、棕褐色和黃木紋三種色質中選擇相框顏色，並透過我們優質的原料、獨特的技術以及對於細節的極致追求，將他們心中最珍貴的回憶和瞬間，雕刻在葉片上。我們的技術得到了台灣及日本的專利認證，尤其在客製化人像葉雕上，能達到高達 80% 以上的相似程度，這也是我們在市場中獨有的競爭優勢，我們期許能讓每一位客戶都感受到 KiNen 對美好時光的珍視和尊重。」

將人物神韻、風景細節一一刻劃，顏璟全的葉雕作品總能夠引發客戶共鳴，幫助人們保存所愛之人事物的輪廓；他用心地把這件事情做到最好，宛如一位對技藝執著的匠人，終其一生只專注於這一門藝術，並追求至臻的完美。「KiNen 葉雕這個品牌是為了『傳遞唯一美好的雕琢』而存在，完成一幅幅葉雕作品所帶來的成就感，以及客戶收到作品時所流露的驚喜與感動，正是我持續努力的最大動力。」顏璟全感性地說。

KiNen 葉雕於 2023 年獲得匠心之夢全國文創工藝大賽精品組佳作，並選為 2023 ～ 2024 新竹良品縣上好禮的文創伴手禮。這些感動與成就，促使顏璟全思索著，將這門藝術透過更多熱愛它的人分享出去，並延續傳承的時刻已經到來。

致力培訓新一代藝術家，
延續藝術傳承與創新的幸福使命

　　與其說顏璟全是一位掌握現代工藝技術的藝術創業家，不如說他是位富有熱忱與使命感的夢想家，從遇見葉雕藝術且深受吸引的那一刻起，他眼前已描繪出一幅美好的未來藍圖等待巧妙開展——他祈願讓更多人與葉雕相遇、讓更多人因為葉雕所賦予的價值而找回生命的意義以及生活的感動，這實非一件容易之事，可他卻成功做到了。顏璟全充滿期待地說：「觀察當前的市場趨勢，人們越來越重視個性化和具有意義的客製化產品；因此，我們預計推出更多的葉雕系列，並與其它藝術形式相互結合，例如：葉雕配合光影裝置等，更考慮在未來開辦葉雕工作坊和規劃教學課程，讓大家都能一起來了解及學習這門獨特的藝術。」

　　此外，在不久的將來，顏璟全更期盼在長遠的推廣之下，能夠迎來其他同樣熱愛葉雕的新一代藝術家，一同投入延續這門藝術的傳承與創新，讓幸福的遠景清晰而寬闊地暈染開來，療癒世上一顆顆真誠而友愛的心。「我們希望這份熱情和專業不僅是短暫的，而是能夠代代相傳；因此，我們將致力於培訓新一代的藝術家，確保葉雕藝術技術和理念的傳承，同時，也將持續地創新和進行品牌再造，促使 KiNen 葉雕始終保持在市場前沿，並滿足消費者不斷變化的需求與期待。」

圖｜KiNen 葉雕品牌主理人顏璟全，懷抱著對葉雕的熱情及與他人分享的喜悅，希望大眾能在葉雕藝術中尋覓出屬於自己的悸動

品牌核心價值

99

KiNen 葉雕——「傳遞唯一美好的雕琢」。
我們相信每一片葉子都是大自然的藝術品,
而我們的工作是將客戶的故事和情感,
細緻地雕刻在每一片葉子上,
使之成為一個獨一無二的回憶。

我們努力確保每一片葉雕都是高品質的、細膩的、
且充滿情感的,它也是我們與客戶建立信任和長久關係的基石。
當客戶選擇 KiNen 葉雕,他們不僅是在購買一件藝術品,
更是在購買一段故事、一份情感和一片真摯的心意。
這是 KiNen 葉雕的核心價值,
也是我們一直堅守的理念。

經營者語錄

99

源於一切美好,都值得 KiNen。
與其說我們在創作藝術,不如說我們在保存情感,
捕捉生命中的美好瞬間。
我們每一次的雕琢,都是為了將一段故事,
變得更加生動和有意義。

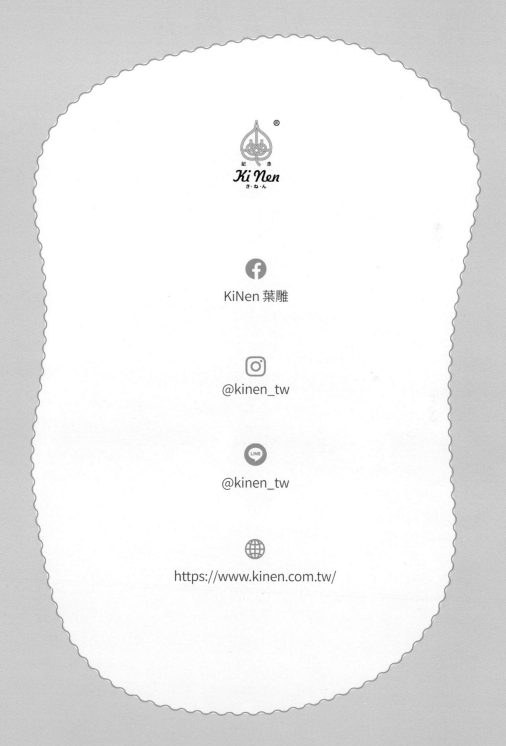

Ki Nen
き・ね・ん

KiNen 葉雕

@kinen_tw

@kinen_tw

https://www.kinen.com.tw/

LADY MAMA

私房點心

美食之都
不容錯過的人氣點心

,,

台南，一個充滿豐富歷史和文化底蘊的迷人城市，
長年來不斷吸引世界各地的遊客前來探訪，也讓
不少台南美食頻頻登上網路熱門話題。如果你問，
來到台南有什麼必吃或值得購買的伴手禮呢？那
麼「LADY MAMA 私房點心」便是許多台南人熱情
推薦的選項之一。這個始於家庭烘培坊的品牌，
歷經近十五年的精煉，不僅深受當地民眾喜愛，
更贏得無數美食愛好者的認同。

創業失敗，
金融海嘯後的逆境求生

　　成立自家烘焙點心品牌原本不在鄭惠分及其兒子陳進忠的人生規劃中，但 2008 年全球爆發金融海嘯、經濟動盪不安，使得當時鄭惠分一家人投資的美容店受到相當程度的影響，不得不關閉。之後，他們加盟一個當時非常流行的火鍋品牌，期待能找到經濟的出路，不幸的是，儘管他們投入龐大的加盟金和裝潢費，這次的創業依舊宣告失敗，導致全家陷入債務的困境。

　　陳進忠回憶道：「那時父親在銀行工作，大部分收入都用於償還債務，媽媽後來開設個人美容工作室，賺取微薄的收入。家裡經濟壓力非常大，債主甚至還會潑灑油漆，迫使我們不得不搬家。」搬家後，鄭惠分和當時還是大學生的陳進忠，每天都煩惱著該如何償還巨額債務。他們環顧家中四周，看見一台舊烤箱，陳進忠想起媽媽平時製作的甜點，完全不輸市面上知名品牌，因此便告訴媽媽：「就從這裡開始吧！但是創業要先有一個名字，再從小姐 (lady)、媽媽 (mama) 喜歡的口味去發想產品。」

　　陳進忠鼓勵媽媽，並用厚紙板親手繪製一面陽春的招牌，拜託鄰居給予空間張貼，從那時起，一家人也彷彿吃了定心丸、得以轉換焦慮的情緒，專注發展烘培事業，LADY MAMA 的故事就此正式展開。

圖｜經典好吃的蔓越莓鳳梨酥與金鑽土鳳梨有著入口即化的內餡，深受消費者喜愛

堅定信念，就從每天賣出一百顆點心開始吧！

　　鄭惠分相當喜愛自製甜點、布丁、起司蛋糕，各種糕點都難不倒她，她總會將甜點分享給美容院的顧客，不少人都讚譽有加。受到兒子的鼓勵，巨大的經濟壓力反而成為她找到新希望的契機，她說：「我總是喜歡研究別人的甜點，只要看到別人做得好，就會激發我的鬥志，希望能做得比別人更好吃。」

　　儘管有經濟壓力，好勝心強的她，創業初期想的不是降低原料成本，而是打造一款讓人難以忘懷的鳳梨酥，她四處搜尋優質食材，最終發現關廟鳳梨的特殊口感和香氣最能展現鳳梨酥的魅力；此外，每一顆鳳梨酥的甜度，都經過她謹慎熬糖調配，絕不使用其他商家的半成品。

　　或許真心誠意真能感動每個品嚐的人，很快地，原本毫無名氣的鳳梨酥竟吸引自由時報美食編輯的關注，寫下文章報導這個隱藏在社區中的美食。陳進忠說：「其實當初用幾萬元創業，許多親戚朋友都不看好，他們說之前砸大錢開火鍋店都做不起來了，現在創業才投資幾萬塊就能成功嗎？」

圖｜完全不使用外面市售半成品，LADY MAMA 的堅果塔以其細膩製作手法，擄獲饕客的心

他們選擇忽視這些質疑的聲音，2009 年的中秋節，LADY MAMA 創下從未想像過的高營業額。陳進忠認為那次的成功除了消費者喜愛產品，更重要的是來自兩人內在的堅定信念，當時，他每天都會興致高昂地向媽媽「精神喊話」，告訴她：「每天的目標就是賣出一百顆！」母子倆互相激勵、一起努力，很快地就超越了當初的目標。

隨著鳳梨酥的成功，鄭惠分和陳進忠決定進一步拓展產品線。一位朋友在品嚐鳳梨酥後，對於鄭惠分的手藝讚不絕口，他建議可以嘗試製作許多大型飯店常見的堅果塔。

儘管鄭惠分過去並非專業的糕點師傅，但在獲得顧客的肯定後，她不畏挑戰，開始研發堅果塔。多次試驗配方和製作方式後，她發現將不同種類的堅果分開製作，更能體現每種堅果的特色，於是便研發出夏威夷豆塔、核桃塔以及以杏仁片製成的楓糖杏芙塔。「在製作堅果塔的過程中，從熬煮糖漿到製作塔皮，我們始終堅持自家生產，不使用市面上的半成品，我們深信只有用心製作的產品，才能讓人真正感受到美味。」鄭惠分說明。

圖｜別具特色且富含營養的楓糖夏威夷豆塔、楓糖杏芙塔和孜然岩鹽夏威夷豆塔

宛如戀愛滋味，
獨一無二的楓糖夏威夷豆塔

儘管 LADY MAMA 的產品種類不如連鎖糕點店般豐富，但每個品項都是獨一無二的經典；其中，以「楓糖夏威夷豆塔」為代表的明星商品，其獨特的風味一上市便贏得眾多消費者的好評。

夏威夷豆塔的獨特之處源於選材的用心，鄭惠分特別選用來自澳洲大顆的夏威夷豆，口感更豐滿緊實且帶有濃郁香氣；此外，再加上自家熬煮的加拿大楓糖漿，帶出夏威夷豆微妙的甜味，讓每一口都具有豐富的味覺感受。陳進忠表示：「楓糖有一種深邃且溫潤的風味，略帶焦糖的甜並含有淡淡的樹脂香味，整體風味比砂糖更豐富且具層次。」

研發過程中，鄭惠分投入大量的時間與精力，多次改良麵團配方，並加入來自紐西蘭的無水奶油，賦予塔皮濃郁的奶香味；製作過程亦十分講究，先經過打粉後壓製成塔杯，然後手工將夏威夷豆一顆一顆黏製於塔杯，確保塔皮上均勻分布每顆豆子。烘烤過程也是不可輕忽的重要環節，豆塔需經過五次悉心翻面及調整溫度，才能讓夏威夷豆塔口感酥脆且飽滿。不少人評論品嚐 LADY MAMA 楓糖夏威夷豆塔時，宛如嚐到戀愛滋味，讓人忍不住一再回味。

除了獨具特色的楓糖夏威夷豆塔，LADY MAMA 更會不經意創造出令人驚艷的口味，其中一款以新疆風情為靈感的「孜然岩鹽夏威夷豆塔」就是如此的驚喜。這款產品的創作契機源自於一位來台留學的新疆女孩，她透過同學的介紹來到 LADY MAMA，兩人在與女孩聊天過程中，被她對家鄉味道的思念所感動，於是決定以這份思鄉之情為靈感，嘗試創造出女孩熟悉且喜愛的味道。此款豆塔選用新疆特產的孜然香料為基底，混合純淨無污染的喜馬拉雅山岩鹽，創造出前所未有的獨特風味。當新疆女孩品嚐到這款專為她研發的豆塔時，臉上充滿了笑容，因為豆塔不僅將她帶回遙遠的家鄉，更讓台灣人透過豆塔稍稍感受到新疆風情的獨特魅力。

變革之道：
競爭市場中不斷創新與轉型

　　致力於創新，同時也用心傾聽顧客的回饋，很快地，LADY MAMA 創立數年後，就在全台各大百貨公司設立三個櫃位，每日能賣出高達萬顆的豆塔，且獲得不少外國遊客高度評價。「在我們收到的各種反饋中，有個日本人還親筆寫信，表達他的感謝和對產品的讚賞，這是我們過去從未有的經驗，真的讓我們感到非常榮幸和驚喜。」陳進忠表示，除了日本遊客外，LADY MAMA 的美味也逐漸在世界各地留下足跡，甚至吸引遠在杜拜的顧客。「我們曾接到一位杜拜客人的訂單，他是在台灣旅行期間被朋友引介來品嚐我們的點心，他表示豆塔讓他印象深刻，直到回國後還念念不忘，因此後來再度下訂，這真是讓我們非常開心。」

圖｜儘管 LADY MAMA 的品項不多，但每一款都能帶給顧客無比的驚喜

雖然 LADY MAMA 的業績逐步穩定上揚，但自 2018 年以來，陳進忠開始注意到網路上的獨立烘焙工作室如春筍般冒出，這讓他深感壓力。他認為，若想在市場中保持競爭力，必須盡快作出變革，因此，他提出一項計畫：投資百萬元進行品牌全面改革，包括品牌 Logo、禮盒包裝以及整體視覺的重新設計。

二代經營者想方設法做出改變，卻被父母拒絕，是許多接班人碰到的一大難題。陳進忠也不例外，他說：「光是改變 Logo 就讓我和媽媽溝通整整一年，媽媽和長輩都無法理解，為何我們要投入大筆費用，改變舊有樣貌。但我深知，若不改變，那麼來自其他烘焙店家的壓力將使我們逐漸失去市場。」一成不變對於品牌永續經營無疑是硬傷，尤其 LADY MAMA 處在充滿文創活力的台南市，陳進忠擔心顧客對一成不變的視覺風格感到厭倦，因此他下定決心，將品牌過去經典的英倫宮廷風格，轉變為時下更流行的戶外野餐風，以清新高雅的 Tiffany 藍綠色作為新的主色調，凸顯 LADY MAMA 的新風貌。

圖｜LADY MAMA 精心設計的禮盒，讓人一眼就能感受到其獨特魅力

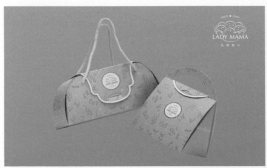

烘焙創業的真實樣貌

在追求創業夢想的道路上，烘焙業常被視為是相對容易的選擇。陳進忠建議，若還沒有工作經驗，卻渴望在烘焙業創業的年輕人，還是應謹慎行事，因為烘焙業創業門檻雖低，但資源配置和實務運作的學習卻需要時間累積。反觀已有社會經驗和深度了解市場的人，創業可能是一個值得探索的選項，尤其在網路發達的世代，創業者若能有效利用政府資源，藉由網路銷售和參與文創市集，會比過往容易找到市場定位，並培養一批忠實的顧客。

同時他也提醒創業者，要能接受真實的市場反饋，不能只是聽取親朋好友的稱讚，「吃遍美食的人對產品的評價，往往最能真實反應產品的優劣，因此若想要創業，千萬不能只聽別人的讚美，這很容易讓你錯估情勢。」最後，陳進忠強調，產品始終是創業的核心，而非豪華的店面裝潢或繁複的行銷。他觀察到，很多創業者在開設實體店面上投入過多資源，而忽視了產品的本質，這也往往成為他們最終創業失敗的原因。

未來願景：讓世界品嚐台灣點心的美味

新冠肺炎疫情給全球帶來了巨大的衝擊，LADY MAMA 也不例外。在陳進忠成功引領品牌轉型後，2019 年底爆發的疫情對品牌成長造成些許阻礙；然而，LADY MAMA 並未因此停滯不前，反而以更開放的心態迎接挑戰，從實體店面轉型為線上銷售，並為網路及台南總店購物的消費者提供特別優惠，鼓勵他們透過網路進行訂購。

對於未來的規劃，陳進忠抱持明確且堅定的願景，他希望 LADY MAMA 能成為台南經典的特色伴手禮、讓人們一提及台南，腦海中便會浮現 LADY MAMA 的形象，每位遊客來訪時也會品嚐，並且分享給他們的家人與朋友。但他的期待並不止於此，而是計劃將 LADY MAMA 推向國際舞台，讓世界各地的人都有機會嚐到這個來自台灣的特色美食；以 LADY MAMA 為平台，將台灣的私房點心傳播到各地，使更多人認識並愛上台灣的經典美味。

圖 │ LADY MAMA 期待能站上國際舞台，讓更多外國朋友看見台灣的軟實力

圖左 │ LADY MAMA 創辦人鄭惠分
圖右 │ 可愛俏皮的 LADY MAMA 吉祥物是許多遊客拍照留念的焦點

品牌核心價值

99

維持口味的穩定，
自己愛吃才能賣給客人。

經營者語錄

99

使用好的食材，是良心；
傾聽客人的聲音，是用心。

台南市東區崇善十一街 8 號

LADY MAMA 私房點心 楓糖夏威夷豆塔

🛒

楓糖夏威夷豆塔、孜然岩鹽夏威夷豆塔、核桃塔、
楓糖杏芙塔、蔓越莓鳳梨酥、金鑽土鳳梨酥、
手工三明治 Q 餅、精美禮盒

哇好米

純淨花蓮 米中之最

產地 台灣花蓮

平安米

播種幸福，
令世界驚艷的台灣農
業軟實力

"

肥沃的土壤、清澈的水源，擁有得天獨厚自然優勢
的花蓮，孕育出多樣豐盛的農產寶藏。近年來，這
些產品不僅在台灣受到讚賞，更頻頻登上國際舞台，
展現台灣農業堅強的軟實力。種種成就背後推手是
兩度榮獲全國十大傑出農民殊榮，玉里鎮鎮長龔文
俊，秉持對農業的熱愛與堅持，他引領一群志同道
合的農人，成立「保證責任花蓮縣龍鳳甲良質稻米
運銷合作社」（哇好團隊），創立農產品品牌「哇
好米」，期待以「為農民創造利機、為合作社創造
商機、為地方產業帶來生機」，讓更多人品嘗到花
蓮的優質食材。

文創助攻農產品，打造最佳伴手禮

俗話說：「民以食為天，食以米為先」，若問全台稻米哪個區域的最好吃，不少饕客都會一致推薦花蓮玉里鎮。這個地方以「好山好水出好米」的天然乾淨水質聞名，是全台灣生產稻米最多的鄉鎮。加上近中性的土壤質地、夏日的高溫潮溼、秋冬的乾冷溫差，構成稻米生長的最佳天然條件。因此，玉里鎮的稻米不僅是稻米競賽常勝軍，更是台灣稻米的經典代表。

在這片得天獨厚的土地上，「哇好團隊」精心培育、照料水稻，推出一系列極致米品。其中，「哇好米的台稉 16 號」以其軟中帶 Q、冷後不變硬的特性，成為不少高級飯店的指定用米。在玉里鎮德武里苓雅部落栽種的「哇好有機米」則因晶瑩剔透、口感 Q 潤的特質，曾經榮獲「精饌米獎」有機米組的入圍獎。

值得一提的是，哇好米還有一款被譽為花蓮香米之稱的「台稉 4 號米」。這款米在所有稉稻中香味最特別，具有稻穀淡淡的清香，烹煮時會散發迷人的芋頭香氣，米粒柔軟帶有彈性，入口時能感受到繚繞不散的芋頭香，猶如一場美味的香氛饗宴。

不僅追求稻米的美味與品質，哇好團隊更將台灣文化融入農產品中，推出「哇好客家花布包米」，其外包裝以客家鮮豔的紅色為基底，牡丹花點綴，象徵家有喜事，富貴如意，以及禮盒「獵人的米」，融入濃厚的原住民元素，傳遞花蓮原住民部落深厚的文化底蘊，無論是節慶或平時送禮都相當合適。

自合作社創立品牌「哇好米」以來，近年也展示新穎且獨具個性的包裝設計，吸引不少消費者目光。龍鳳甲合作社經理葉靜娟表示，他們也能根據客戶的個別需求，進行客製化設計，為顧客打造更多個性化商品。

圖｜香氣滿溢，口感馥郁的哇好米，能在味蕾間綻放出台灣獨有的風味

多元開發，提升米品競爭力

　　儘管稻米是台灣人的主食，但根據農糧署統計，民國 70 年台灣人每年白米消費量約 98 公斤，近幾年隨著國人飲食習慣改變，從過去的「唯米是糧」觀念到現在的「飲食西化」，食米量腰斬一半，只剩 45 公斤左右。如何讓國人多吃米，解決稻米生產過剩壓力，也成了哇好團隊努力的重點之一。

　　哇好團隊近來注意到不少民眾希望減少小麥攝取，以降低身體的過敏反應。為了滿足這一需求，他們將米與小麥混合，研發養生、原味、紅米、和金針四種口味的「米麵條」，這些米麵條不僅質地柔軟、口感 Q 彈，還能降低食用過多小麥帶來的過敏風險，具有顯著的健康價值。

　　除了米麵條，葉靜娟進一步補充，哇好團隊也推出米穀粉及糙米麩，同樣富含高營養價值，糙米麩可以作為早餐或飲品的添加物，讓飲食更加富含營養，米穀粉可用來製作美味的米磅蛋糕、米麵包等西式點心。透過這些創新和獨特的產品，哇好團隊不僅成功滿足消費者對美味的追求，更展現對消費者健康和飲食需求的深切關懷，他們的努力為消費者帶來了更多元、更符合當代健康觀念的飲食體驗。

契作保價，保障農民收益

　　每天早晨從拂曉開始，無論風雨晴雲，農民都投入全副精力照顧作物，尤其夏季的高溫讓農民勞動變得更加艱辛，汗水滲透衣衫，肆虐的陽光讓皮膚受到傷害。

　　除了體力上的辛勞，農人還面臨不少困難。例如，農產品容易受到市場價格的波動，造成農民收入不穩定。其次，缺乏有效的行銷和銷售管道，使得辛苦種植的農作物難以找到合適的市場，造成產品滯銷和損失。再者，近年來由於極端氣候的影響，自然災害和病蟲害等不可控因素也常影響農產品的產量和品質，增加農民風險。

　　面對這些困境，合作社以「為農民創造利機、為合作社創造商機、為地方產業帶來生機」的精神，積極幫助農民突破困境。農民若能遵行台灣農業良好規範 TGAP、生產履歷紀錄、標準化田間管理、水質土壤檢測等要求，合作社則會採用「契作保價」的收購方式，保障農民收益。

圖｜米麵條口感細緻柔滑，有著多種健康好處，深獲消費者喜愛

這種模式為農民帶來了不少好處。首先，它有助於穩定農民收入，提供經濟保障，減少經濟風險，使農民能在具有競爭力的價格下銷售農作，不受市場波動的影響。其次，契作保價提供穩定的銷售管道，確保農產品順利銷售，減少滯銷風險，有效提高農民收益。

同時，合作社可以提供行銷支援，幫助農民更有效地推廣產品，並協助提高生產效率、品質和產品多樣性，從而增加農民競爭力。總體來說，契作保價模式確實有助於改善農民的經濟狀況，並提供更多農業發展機會。

合作社已成立十四年，會員人數達兩百多位，社員股金只收 2,000 元。葉靜娟說：「我們經常邀請專業講師授課，帶領社員農民一起至各地辦理行銷展售活動，舉辦農民節活動、表揚優秀農民，其中摸彩活動獎品相當豐富，社員福利早已超值。」

儘管合作社目前並未發放股金，但這些福利和服務價值早已超越農人繳交的社員費用。正因如此，許多農民紛紛表達加入合作社的意願，這也證明合作社在過去十幾年來對農人帶來的正面效益。

圖｜花蓮以其得天獨厚的地理環境和氣候特點，孕育出豐富的農產品

柚見中秋，品嚐微酸清爽的完美滋味

除了稻米，合作社目前也積極輔導文旦柚、咖啡、茶和金針的產銷班；在這些產品中，文旦柚是哇好團隊的一大驕傲。產於花蓮縣玉里鎮和瑞穗鄉的文旦，因得天獨厚的自然環境加上充足日照，讓文旦具有天然香氣，其酸甜比例也恰到好處，品嚐後口中會散發出清新香氣，帶來持久的回甘，讓人回味無窮。

葉靜娟特別指出，花蓮的文旦柚與西部地區相比，最大特色就是它的微酸口感，這微酸的特點使文旦更利於儲存，且口感不會過於甜膩。「花蓮的文旦柚受到消費者高度青睞，因此許多西部盤商都會購買我們的文旦柚，令我們感到相當驕傲。」花蓮文旦柚的美味不止深受全台喜愛，更在 2021 年由合作社成功開拓新加坡市場。令人鼓舞的是，隔年新加坡的訂單比起 2021 年增加一倍，充分展現新加坡消費者對其品質的肯定與讚賞。

然而，立足台灣，放眼國際的哇好團隊在 2023 年的外銷計畫卻遇到了不小的挑戰。國際情勢的影響和氣候造成的水資源短缺，雖然水果甜度未變，品質仍受到影響，這限制了哇好農產品的外銷潛力。即便如此，哇好團隊並未氣餒，反而持續努力，希望讓國際市場看見台灣農產品的魅力。葉靜娟誠摯地表示：「我們會持續追求卓越品質，不僅確保台灣本地的消費者能品嚐到我們精心栽種的農產品，未來我們也會繼續努力開拓更多元的通路。」此番話語，充分展現合作社對於農產品品質和未來發展的堅定信念。

圖｜清新多汁的文旦柚、香甜爽口的火龍果和甜蜜多汁的西瓜是產銷班的驕傲

美味獨特，台灣農產品的多元風情

除此之外，每年五月和八月產自花東縱谷秀姑巒溪河床的玉里大西瓜，因其口感沙脆、清甜多汁也受到市場廣大歡迎。種植西瓜時，日照、土壤以及水質至關重要，玉里地處北回歸線上，西瓜能充分吸收日光，富含養分的河床土壤使玉里西瓜品質超越台灣其他地區。

有趣的是，秀姑巒溪每年可能受到颱風豪雨影響，造成溪水暴漲，淹沒西瓜田，這卻帶來山區的礦物質和有機物質，為瓜田土壤增添養分，使玉里大西瓜更加美味。

為了給消費者帶來最佳的飲食體驗，哇好團隊會在四月底到五月初選擇「頭期瓜」販售，因為這個時期的西瓜品質最佳，口感最香甜。葉靜娟解釋，雖然第二期的玉里西瓜同樣美味，但夏季過熱的天氣可能造成運輸過程中西瓜比較容易爆裂，因此，哇好團隊原則上只販售頭期的玉里大西瓜。

除了西瓜，合作社社員陳期泓以自創品牌「露予莊園」參加由英國美食協會主辦，被譽為美食界奧斯卡獎的「2023 英國 Great Taste Awards」，由全球具公信力與影響力的美食評鑑家：包含國際飲食評鑑機構成員、國際專業廚師、營養師的評審下，蜜香紅茶贏得高度評價。

這款特色紅茶背後隱藏一個迷人的秘密：茶菁受到小綠葉蟬吸吮後產生變化，使得紅茶不僅不苦澀，還能散發天然的蜜香甜味。此特點使蜜香紅茶 summer（花果香）榮獲最高三星獎、蜜香紅茶 summer(堅果香) 二星獎、小油菊茶包二星獎等殊榮。

葉靜娟分享，創辦人龔文俊很早就開始推廣蜜香紅茶，多虧農民的辛勤付出，蜜香紅茶不僅在國內比賽中屢次嶄露頭角，也在國際比賽中得獎，讓花蓮玉里地區逐漸建立起品牌知名度，這些殊榮證明哇好農民在生產和推廣方面的堅持和努力。

哇好團隊不僅專注於農產品的品質，也積極實現與農民「共好共榮，共創雙贏」的目標。除了協助販售農產品，他們還積極提供品牌經營的建議，並支援產品設計和包裝。

「有些農人因此擁有自己的品牌，並在銷售上取得相當好的成績，合作社在其中扮演重要角色。」過去，農民將大部分的心力用於農務，即使想創立品牌，也不知如何著手，尤其若想要打造品牌，產品的包裝設計也需要投注相當多的資金。合作社像母雞引領小雞，不僅協助包裝設計，也協助農民進行提案，爭取各項政府資源，並給予提案建議，讓農民能發展品牌，提升農業價值，建立可持續發展的事業，為地區農業發展做出貢獻。

從產地到餐桌，每一個環節哇好團隊都嚴肅以對，不僅維護農作品質和食材安全，更持續提升農產品的價值和競爭力。這樣的努力，凸顯哇好團隊對土地的熱愛與責任，更回應對消費者的真誠承諾。秉持健康、自然、安全的生產理念，每一粒的哇好米，每一項哇好農產品，背後都承載著農人的辛勤和真摯，也代表哇好團隊把消費者當作自家人的決心。

圖｜蜜香紅茶不僅深受台灣消費者喜愛，更屢獲國際肯定與讚譽

品牌核心價值

"

「種一粒米，流幾百粒汗水；
呷一口飯，攏變成是家己人。」
堅持絕不留一手的哇好團隊，成立十四年以來，
已經從種稻給家人吃的心意，
變成將喜歡吃「哇好米」的消費者當作家己人！

經營者語錄

"

為農民創造利機、
為合作社創造商機、
為地方產業帶來生機。

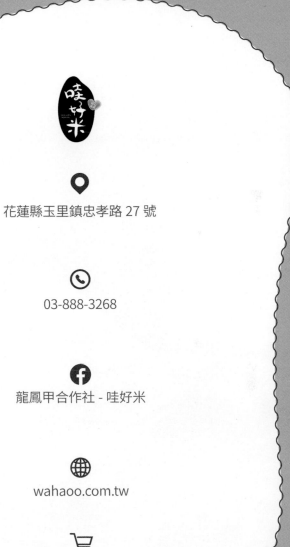

花蓮縣玉里鎮忠孝路 27 號

03-888-3268

龍鳳甲合作社 - 哇好米

wahaoo.com.tw

稻米、文旦柚、西瓜、咖啡、茶和
金針等農產品及豬肉

復興肉酥

香傳一甲子
屏東老字號肉酥店

"

提到肉酥，人們往往會想起那令人滿足的口感和迷人的滋味，這使得它成為許多人心中的美食經典。事實上，肉酥最早可追溯至西元 19 世紀，是一道散發著濃厚歷史人文風情的傳統美味，其製法嚴謹而講究，需要選用上等的肉品才可製作出風味絕佳的肉酥，因此在古代多為皇室貴族所享用。然而，隨著時代的演進與物質條件的提升，近年來肉酥逐漸地走入現代人的生活日常裡，成為人們記憶中最具代表性的傳統美食之一，並穩妥地晉升為網路聲量排行前十的年節伴手禮。

在屏東，有家飄香了六十餘年的老字號肉酥店「復興肉酥」，自西元 1958 年（民國 47 年）開業以來即深耕屏東當地，陪伴屏東的鄉親們度過許多美好的兒趣時光；多年來專注於食品加工技術，對於農特漁相關產品之研發具備豐富經驗的復興肉酥，其所研製的肉酥與香腸，至今依然是長輩們人人謹記於心中的美妙滋味，亦是海外遊子思念家鄉時所心心念念的道地風味；未來，復興肉酥將融合傳承與創新，將樸實的美味多元化，與屏東鄉親以及遠方的友人再續百年緣。

屏東落地生根，用心飄香一甲子

　　這是一個青年遠赴他鄉打拚，從此落地生根於當地的因緣故事，故事的主人翁是復興肉酥創始人江振興，為他訴說這段歷史的是他的孫女江幸子，而一切都要回到 1956 年（民國 45 年）那個生活物產並不富足的樸素年代。「我們老家原本在嘉義，因緣際會之下爺爺拖家帶口從嘉義來到屏東，下屏東火車站前有一間香火鼎盛的媽祖廟，爺爺在廟前燒香拜拜、誠心問神，神明指示他往某一個方向走，等走累了想休息那裡就是成家立業之地，也因此我們家從此落腳於屏東。」幸子分享。聽起來像是一段奇妙的旅程，但一甲子歲月後的今日，再度回首當年，也許媽祖的指引真是冥冥之中早已註定。

　　在物資缺乏的年代，為了生活當年爺爺租賃一個小攤位販賣什貨，冬天供應熱食、夏天供應蔬菜和冰品，全按季節的變動規劃當下販賣的產品。至於會遷移至現位於屏東夜市的攤位，則是另一段緣分。人們總說，做生意風險與機會並存，失敗乃是常有之事，當時一個經營肉品的鄰近攤位因經營不善而計畫將攤位出售，在那個吃香腸和肉乾實為奢侈之事的年代，爺爺江振興對於肉品經營深感興趣，咬牙出資新台幣兩千元把攤位談下，並於 1957 年十二月創立復興肉酥，一個老式木製推車開始，進而從中開始嘗試、修正，製作出屬於自己品牌的特色風味。

圖｜開業一甲子至今，復興肉酥歷經不同時代，堅持傳承著同樣的美味

民國47年10月25日

開業紀念日

跨世代面臨的獨特考驗

從對肉品加工完全陌生到逐漸上手，江爺爺一開始製作肉品加工時亦面臨不少困難和挑戰。幸子談道：「剛開始爺爺不懂得如何販售香腸，生意因而非常慘澹，後來聽客人分享烤香腸的經驗談，也接受客人的意見，便在攤車旁邊架上一個紅泥小火爐，用慢火炭烤出香腸的香氣，吸引路過的客人前來購買香腸，那時候經過的客人聞到夾雜著炭香油亮的香腸香氣，都忍不住停了下來，吃一條香腸後再順手帶一串香腸回家，多年下來客人總是跟爺爺說，經過沒吃一條香腸好像沒來過！爺爺也從此有了新綽號，叫作『香腸江ㄟ』。」

當復興肉酥傳承至第二代，也就是幸子的父親江南求手上時，順應著每個年代的潮流，「我爸爸接手經營後，看到了傳統肉乾、肉酥、香腸這些產品會因為節日緣故而有淡旺季之差別，農曆新年、端午節、中元節和中秋節生意好，但是其它時候冷清多了，因而開始思考有沒有生產模式是能拉近大小月的差距」，幸子接續著說，「所以他開始跟著機器設備商走訪德國數趟，考察期間讓他跳脫原先的經營思維，開始生產製作西式食品，也認為這會是平衡大小月的一種出路，在當時保守的經營模式，爸爸花費不少心力跟爺爺溝通協調，從不斷的衝突中慢慢達成共識，開啟生產火腿、熱狗、漢堡肉等西式食品。」最終，復興肉酥順利度過淡旺季的差距，並跨越了更高食品加工技術門檻，成為大企業之外進入能夠製作西式食品的廠商，復興肉酥便開啟了新的風貌，也在 2003 年榮獲消費者品質金質獎的殊榮，2010 年通過 ISO、HACCP 國際認證工廠的認證，同時獲得了國產 CAS 標章。

幸子感性地說：「沒有爺爺和爸爸建立的基礎，我不會有這樣的舞台。」生為第三代，幸子自幼即在爺爺的香腸攤旁玩耍，較為懂事後開始跟著大人一起幫忙家裡，記憶中收藏著滿滿的製作、乾燥和運送香腸、肉乾，在工廠裡包貨、搬貨、包裝的回憶光景，學生時代對於同學可以出去玩感到十分羨慕，然而，也是在長大之後幸子才慢慢理解，扶持著一個老字號的長輩們所懷有的那份苦心。「在幫忙家裡的過程中，我漸漸學會配料、倉管、財務、管理，隨著時代的變遷，開始摸索服務、行銷這些領域；我想，要長年投入在這樣的事業裡，的確是需要很大的熱情作為支撐的力量。」

支持幸子堅持下去的，或許是對家人懷有的愛，抑或是對品牌抱有的期待——成為一個樸實但可長久陪伴在地好滋味，將美好的風味傳承下去，打造深刻的味蕾記憶，與客再續百年緣，是復興肉酥現階段至未來期盼達成的使命與理想。

圖｜讓肉酥不再是餐桌上的配料，復興肉酥以此為出發點，研製品項和口味多元的系列食品

整合屏東好滋味，共創在地嶄新價值

肉酥方面，幸子深信，只有將產品做到極致，才能贏得顧客的信任和喜愛，而作為一個來自屏東的老字號，復興肉酥的品牌定位十分明確──幸子希望興旺的不只是自家特產，而是宛如一位和藹長輩的提攜，復興肉酥結合屏東各鄉鎮特產，以在地豐沛的農漁產品共同創造出新亮點，進而呈現出如：巧克力與肉酥、咖啡與雞肉酥、櫻花蝦搭配魚酥等多種組合，共同打造出屬於屏東的好滋味，亦是為這片土地上用心打拚的人們立下雙贏的機會。

除了肉乾、肉酥等古早風味，幸子也展現了來自食品世家所磨練出的敏銳五感，善於捕捉市場趨勢和消費者喜好的她，透過研發出「信封捲」此創新產品，將創新理念融入傳統美食中，呈現出獨特而新穎的口味組合。她表示：「許多朋友出國必定帶肉鬆這個家鄉味，我便思索著，是否能讓肉鬆不再只是早餐桌上的食品，是否能讓它有所延伸並賦予它更多內涵及精神。幾次參展之後，我將吸收到的經驗結合個人視角，研發出信封卷這

項食品，它不僅形狀像信封一樣，也傳遞及維繫著送禮者之間的細膩情感。」

精緻的外觀設計、薄脆可口與多層次的口感，信封捲成為復興肉酥的另一項招牌產品；目前除了經典手工信封捲，還融入了不同地區的特產，製作出歸來牛蒡信封捲、東港櫻花蝦信封捲、濃情巧克力信封捲和泰武咖啡信封捲，選用真材實料呈現出屏東在地的多元特色。

對於研發口味、經營老字號品牌，幸子真誠而感性地說：「我來自屏東，我想說很多屬於屏東在地的人文故事，家裡從事食品行業，那麼我就從食物出發，用食材講著屏東最原始、質樸、親切的故事。」幸子深深體會到食物是連結人與人之間情感與回憶的媒介，她相信每一道美食都承載著獨特的故事和文化；因此，她努力研發豐富多元的口味，並且注入屏東的在地特色，讓顧客在品嚐復興肉酥的產品之時，更能夠感受來自屏東的純粹氣息。

邁向健康潮流的創新步伐

　　自新冠疫情席捲全球之後，世界步入了一個充滿挑戰與變化的後疫情時代，人們亦將此影響下的生活稱之為「新常態生活」，其中，影響大眾最為深遠的除了生活方式和社會結構，人們的身心健康亦受到社會極大的關注，因此，消費者對於食品健康和安全產生了更高的要求。復興肉酥也意識到這一點，幸子表示，「在疫情之後大家都注意到，身邊遭受過敏症狀困擾的人增加了，所以我們也積極地投入相關領域的食品測試和研究，以信封捲來說，期盼未來能製作出無麩質蛋捲，讓過敏患者也能安心食用，不造成身體上的負擔。」

圖｜秉持著食品的好品質，維護消費者食用之安全性，是復興肉酥期盼帶來美味之外，自始至終不變的使命

　　過去即榮獲消費者品質金質獎，ISO、HACCP 國際認證工廠認證以及國產 CAS 標章的復興肉酥，除了鞏固其在高度競爭的食品業界之品質控制與衛生安全的地位之外，復興肉酥並未止步於此，它正充滿信心地踏上健康潮流的創新步伐，改以無防腐劑、無香精、非基改醬油製作優質肉酥和多元的美食品項，期盼能促使傳統美食更加符合現代人對於健康飲食的追求，讓薪傳一甲子的老字號品牌成為大眾心目中之美味首選。

圖｜2022 年復興肉酥（兆鴻食品有限公司）榮獲屏東十大伴手禮殊榮

品牌核心價值

"

復興肉酥自 1958 年開始深耕於屏東當地，
至今已陪伴屏東的鄉親們度過一甲子的歲月，
六十多年來專注於食品加工技術，
對於農畜漁產品之研發具備豐富的經驗，
目前以豬肉酥、豬肉乾、
豬肉條、牛肉乾、香腸和信封卷等
新鮮傳統手工美味持續飄香屏東。

經營者語錄

"

擇你所愛，愛你所擇，築夢踏實。

屏東縣屏東市民生路 126 號

08-721-7967

復興肉酥民生店。江師傅食品舖子

喜歡采風

SIHUAN

花束第一家
精品伴手禮店

"

喜愛美食的人在成長的歷程中，一定接觸過一種吃起來鬆軟香甜、入口即化的點心——沙琪瑪，關於它的源起坊間流傳著非常多不同的新奇故事，而將這些故事交織而起的，是滿清時代同樣嗜吃美味的皇室貴族人，隨後沙琪瑪便因廣為流行而逐漸傳播至大中華各地，也成為台灣人感到熟悉和親切的可口小點。

在花東地區，過去有位老師傅李定國先生一生潛心鑽研並將大眾熱愛的沙琪瑪改良製作，研發出市面上獨一無二，口感香鬆酥脆、爽口而不黏膩的「酥式沙琪瑪」；歷經兩代的傳承，第三代負責人王文郁決心將研製傳統糕餅的家族事業轉型，朝向創新式的精緻化與精品化，「喜歡采風烘焙坊」亦隨此因緣清新誕生。喜歡米風烘焙坊，秉持以花東最純淨的土地所孕育出的天然食材，進行美味食品的創意製作，從而讓熱愛美食的消費大眾，能夠透過米香香、口口酥、穀穀棒等伴手禮，將最美好的旅遊回憶，藉由令人怦然心動的味蕾感受永遠珍藏於記憶之中。

傳統產業、全新感受，
打造花東第一家精品伴手禮店

　　一段遊學海外的經歷，一次日本美食之旅，讓傳承三代的糕餅世家新世代的文郁決定走向轉型與創新。於是，在文郁回到好山好水的花東故鄉後，決定與妹妹文均、弟弟昕翰攜手打造「花東第一家精品伴手禮店」。台灣糕餅產業近年已從傳統糕餅食品走向伴手禮市場，也深獲消費市場的歡迎，特別在花東旅遊過程中成為不可或缺的美食之旅。既然美食產品可以成為禮品，何不更上層樓讓它成為精品，「喜歡采風」這個精品伴手禮品牌也應運而生。

　　喜歡采風，顧名思義是希望採集花東各地美味食材，透過創意創新賦予傳統糕餅新的意涵，創造新的口感，讓消費者享受味蕾的新體驗。家族三代能在花東這好山好水之地，從競爭激烈的傳統糕餅及伴手禮戰場中脫穎而出著實不易，文郁選擇走出一條與長輩不同的道路，其中有新的突破、啟發與驚喜，也為傳統伴手禮市場創造出另一種嶄新的價值。文郁期望以靈感與創意做混搭，帶領顧客走入一場由喜歡采風所發起的美味感官之旅，體驗自其中迸發而出的馥郁滋味，並且在每一個喜歡采風的日子裡，創造嶄新的自己。

　　喜歡采風成為花東第一家跳脫傳統糕餅產業，藉由精緻化與精品化，創新轉型而成的精品伴手禮店。就像是 ZARA、H&M 及 UNIQLO 這些全球知名品牌，從原來質樸的成衣業華麗轉身成為時尚產業，傳統產業走向精緻化與精品化的趨勢，已非偶然，而是一種必然。因此，喜歡采風在打造全新品牌的理念下，原先已炙手可熱的花蓮在地伴手禮，躍升為讓消費者充滿期待及想像的伴手精品。

　　受到異國之旅的啟發，文郁用靈感和創新顛覆傳統糕餅伴手禮市場，而她曾經在星空下遙望的美夢，如今也化作一股前所未有的力量，在品牌顧問林子強協助下，從品牌名稱、企業識別系統、產品包裝設計到門市裝潢設計，開拓出全台灣與眾不同的伴手禮藍海市場，朝著「花東第一家精品伴手禮店」的方向邁進。

圖｜文郁與妹妹文均、弟弟昕翰攜手打造花東第一家精品伴手禮店「喜歡采風」

傳統糕餅
走向精緻與精品之路

從產品到禮品，再從禮品邁向精品。喜歡采風期望從傳統糕餅產業走向新創品牌，也希望在企業轉型過程中賦予糕餅產業新的生命與意涵。家族糕餅事業從「酥式沙琪瑪」起家，並成為花東最大生產廠商，能打下這份基業，主要來自於對食材的堅持、產品的研發、製作的工藝，這個傳承古法的製作方式，讓沙琪瑪的口感酥脆、香氣濃郁、好吃不粘牙、入口不甜膩，贏得業界一致的口碑及消費大眾的喜歡，奠定「酥式沙琪瑪」屹立花東三十多年來的地位。

傳統糕餅走向精緻化與精品化，是希望讓消費者對傳統糕餅有新的體驗。「喜歡采風」品牌創立的目的，就是希望消費者在品嚐產品時，能感受到花東好山好水好陽光所孕育出的產品後，進而喜歡，進而盡情追逐這山水陽光的好地方，就像以前到地方上採集民俗風情的熱情一般，承襲大

地的滋養永續經營，把花東地方上最好的食材研發成好產品，讓消費大眾透過美食與伴手禮，真正感受這塊土地的溫暖與珍饈。

喜歡采風從企業品牌的設計就費盡心思，希望把企業理念完整的傳遞給消費大眾。品牌圖案中的山海、陽光與稻麥，展現花蓮由上天賦予最好的資源，好山好水與守護著花蓮的陽光，也就是這好山好水好陽光，滋養出花蓮最優質的好米。喜歡采風的祖輩就是以做米香及沙琪瑪起家，花蓮的好米照顧這個糕餅家族傳承三代，現在這個家族也希望透過新的品牌讓來到花蓮的消費者能吃到最好的糕餅產品。顧客常常會問店家：「什麼樣的糕餅最好吃？」店家都會回答：「天然的最好。」由花東最純淨的土地所孕育最天然的食材，就會成為最好吃的糕餅，也會成為最好的精品伴手禮。

台灣人入台灣好禮：喜歡采風的精品伴手禮—口口酥、米香香和穀穀棒

　　「口口酥」做為伴手禮精品店主要產品，可想而知，是家族傳承三代最重要的手藝。顧名思義，口口酥就是要讓消費者一口接著一口，感受「酥式沙琪瑪」的口感，一種傳統製作手法，一種糕餅工藝的傳承與經典。口口酥也是文郁研發的第一個品牌新創產品，是一種使用天然食材將麵團調色、調味，再酥炸出爽脆口感的小點心，而伴隨著不同的調味，則會擦出不同味覺的新火花。非常適合在三五好友閒聊聚會、看電影和品嚐下午茶的時光裡，一同享用的新奇酥脆小點，也成為喜歡采風的第一個主打產品。

　　沙琪瑪與米香在台灣傳統糕點中，總是扮演著幸福的角色，在婚嫁禮儀中，更是傳遞滿滿的幸福之意。「吃米香、嫁好尪」在婚嫁禮俗中寓意幸福美滿、團圓富貴，除了米香外，也常以沙琪瑪替代，所以兩者都被喻為最能代表幸福的糕餅點心。喜歡采風也希望把甜點的幸福滋味，透過口口酥、米香香傳遞給每一位消費者。

　　穀穀棒則是喜歡采風對傳統糕餅的轉型與昇華，糕點不再只是零嘴，也是一種最簡單養生的食品。透過吃在地、吃當季、吃當令的理念，讓花東最好的穀物成為消費者隨手可食的點心，穀穀棒，真的很棒。

　　祖輩以做米香及沙琪瑪起家，喜歡采風亦秉持以花東好山、好水、好陽光下，最純淨的土地所孕育出的天然食材，滋養出來的優質好米，進行美味食品的創意製作，從而讓熱愛美食的消費大眾，能夠透過米香香、口口酥、穀穀棒等伴手禮，親近這塊土地的溫暖與珍饈，並且將最美好的旅遊回憶，藉由令人怦然心動的味蕾感受永遠珍藏於記憶之中。

圖上｜香、酥、脆，讓人吃了就難以忘懷的獨特
口感，口口酥改良自家族傳承三代的「酥式沙琪
瑪」手藝，一種從古法中創新的口感，將糕餅工
藝再次提昇的經典口味，要讓消費者一口接著一
口，口口酥脆，口口香醇，讓喜愛味覺饗宴的您
再次點亮味蕾

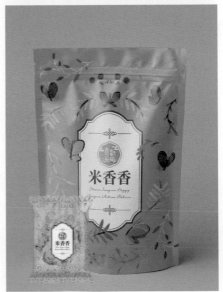

圖中｜米香香是讓人吃了還會想念的零食，米香
就是決勝的關鍵，米香就是台灣味的代表。香濃
的口感就像台灣的人情味，有著土地的濃郁、有
著大地的芳香，每一口都讓人回味無窮，每一口
都讓人心滿意足。用料實在，才能飄香千里，這
就是米香香讓人無法停止，成為「刷嘴」美食的
秘密

圖下｜穀穀棒的口感來自燕麥片與米香的融合，
讓食的美味與芬芳如交響樂的共鳴，這也是品牌
對傳統糕餅的再次昇華，讓糕點不再只是零嘴，
也是一種最簡單養生的食品。透過在地及當令的
食材，讓花東最好的穀物食品成為消費者隨手可
食的點心。是心意，也是品牌對產品的堅持

天然食材、在地共好，
共享花東天然美味的企業理念

　　喜歡采風雖然是新創品牌，但傳承三代的除了是好吃的糕點外，還有一份對消費者、對社會及對環境的責任感。在新創品牌的過程中，我們將這些企業傳承的執著作為企業的六大理念，也是「喜歡」二字的英文 SIHUAN。分享 (Share)、想像 (Imagine)、快樂 (Happy)、獨特 (Unique)、行動 (Active) 與自然 (Nature)。

　　分享 (Share)，「好東西與好朋友分享」是台灣人最重要的珍寶—人情味，說明台灣人喜歡分享的好個性。喜歡分享，分享心情、分享喜悅，也愛分享美食。喜歡采風希望給消費者吃到最好吃的美食，再把這樣的美食分享給親朋好友。進而，從喜歡我們的產品、喜歡我們的包裝設計、喜歡我們的理念，喜歡上屬於這片好山好水孕育的土地珍饌。

　　想像 (Imagine)，打造喜歡采風成為「花東第一個精品伴手禮店」，原本是個想像，但是夢想終於成真。我們致力研發更多好吃的產品，希望滿足消費者對美食的無盡想像；我們尋找花東最好的當季當令食材，希望讓這片土地的風味滿足消費者感官的想像。其實，吃美食、吃在地、吃當季、吃當令，無須想像，消費者希望的想像，喜歡采風將盡全力滿足。

　　快樂 (Happy)，民以食為天，品嚐美食、享受美食是人生最重要，也是最快樂的事。喜歡采風是個愛吃的團隊，上至老闆、下至員工，愛吃、喜歡吃，所以最能瞭解吃對團隊成員所帶來的喜悅與快樂。己之所欲，推己及人，推廣美食給喜歡吃的消費者，讓喜歡吃的消費者不擔心找不到美食。讓顧客吃出好心情，再把這些好心情分享給周遭的人，就是我們最大的期盼。

獨特 (Unique)，米香與沙琪瑪是糕餅產品中最具代表性的點心，一個是米製的小吃零嘴，一個是麵食的點心。兩者同出，誰與爭鋒，只是要如何在花東那麼多的糕餅名店與伴手禮業者中脫穎而出，喜歡采風的團隊只能做到最好中的最好 (best of best)，不一定成為第一，但一定要是唯一。給消費者吃到與眾不同的產品、提供不同的門市體驗，也讓消費者感受自己與眾不同的品味。

行動 (Active)，打造花東第一家精品伴手禮店，曾經只是想像，卻在世代接班後付諸行動而成真。喜歡采風團隊想讓糕餅伴手禮精緻化與精品化的想法從未停歇，想讓消費者逛伴手禮店像在精品店，想讓消費者買到與眾不同的精品伴手禮，想讓收到伴手禮的親友為之驚豔。消費者的喜歡才是我們的動力，我們打造的不是我們的喜歡采風，而是消費者想要的喜歡采風。

自然 (Nature)，自然就是美，喜歡采風期望透過好食物，讓消費者用味蕾感受台灣的食材之美、土地之美、自然之美。我們為您嚴選花東好物，提供您好山、好水滋養的好食材。我們以實際的行動支持在地好農，以美食描繪「花東好味」。我們和花東小農一起打拼，將最好的田間美味轉換為精緻美食，讓您不用走透透也能盡情的吃透透各地的美食與好食。

圖｜山海、陽光與稻麥，展現花蓮由上天賦予最好的資源，好山好水與守護著花蓮的陽光，也就是這好山好水好陽光，滋養出花蓮最優質的好米

品牌核心價值

"

喜歡采風烘焙坊，秉持以花東最純淨的
土地所孕育出的天然食材，
進行美味食品的創意製作，
從而讓熱愛美食的消費大眾，
能夠透過米香香、口口酥、穀穀棒等伴手禮，
將最美好的旅遊回憶，藉由令人怦然心動的味蕾感受
永遠珍藏於記憶之中。

經營者語錄

"

傳承三代，永續經營。
喜歡采風期望提供消費者最精緻，
最能代表好山好水花東的精品伴手禮。
透過吃在地、吃當季、吃當令的理念，
將大地的食材獻給消費大眾。
讓美食不僅是味蕾的享受，更是生活與感官的體驗。
喜歡采風，期望成為消費者選擇伴手禮的唯一。

花蓮市中正路 180 號

03-836-1333

週二食記

重新詮釋懷舊零食的
美好回憶

"

古早味仙楂餅、牛軋糖，以及令人興奮的跳跳糖，陳列
於充滿人情味的柑仔店；放學之際，三兩結群，駐足玩
尪仔標的柑仔店，如今，這些令五六年級生難以忘懷的
古早味零食似乎漸漸式微了。「不能讓濃厚人情味的台
灣古早味消失」是台灣品牌「週二食記」品牌總監顏羽
旻打造品牌的初衷。

以老物新創為出發點，重新詮釋懷舊零食，希望讓更多
人看見台灣零食魅力，也讓新世代認識這些曾陪伴許多
人走過童年的好味道，於是「週二食記」就這樣誕生了。

探索台灣農產的獨特魅力：
吃得到原型食材的「五穀巧米酥」

　　長年在各個國家參展，服務不同國家的華人客戶，總監總有一些感觸：「台灣固然有許多美味的零食和特產，但在國際間，許多人對這些台灣零食卻不熟悉。」於是，在國外工作時，她時常思考如何打造具有「台灣魂」的零食，並推廣至國際，讓更多外國朋友看見台灣豐富且獨特的飲食文化，在這樣的起心動念下，週二食記在 2019 年正式推出第一個系列產品「五穀巧米酥」。

　　總監發現，台灣穀物、蔬果在國際頗富盛名，因此嚴選台灣西部平原優質稻米，並添加黑米、蕎麥、杏仁、南瓜子、腰果等營養價值極高的堅果和穀物，以少油、少糖、多健康的輕烘培技術，保留台灣米特有香氣，打造出一款深獲外國遊客喜愛的「五穀巧米酥」。五穀巧米酥顧名思義便是運用多種穀物與堅果的搭配，創造出具有台灣風味、也符合現代人喜好的無添加概念，不含任何人工香料、反式脂肪、人工色素、人工甜味劑及高果糖糖漿，讓消費者越嚼越香、越吃越安心。因其豐富的台灣在地特色，五穀巧米酥推出沒多久就成了最佳「外交大使」，外銷多達 15 個國家，讓更多人看見台灣農產的獨特魅力。

　　總監說：「我想做的老物新創，是讓消費者可以看見『真正屬於台灣的特色與原味』，就像這款五穀巧米酥，當你打開它，你吃到的是食物原型，是真實的穀物，並品嚐真正的水果。」由於五穀巧米酥採用非油炸膨發技術，並使用自家開發的天然蔬果添加劑，確保產品的天然品質；結合營養、美味和健康的三項特點，這款零食也成了不少上班族午後最佳的零食選擇。

　　週二食記目前主要銷售對象為 28 歲到 35 歲的年輕上班族，尤其是喜歡在辦公室享用零食的女性最為推崇，「口袋餅乾」的概念與產品設計也因此而生，讓上班族工作時釋放壓力，可以擁有輕鬆食用的抽屜零食。當血壓太低想要吃口零食補充體力時，精緻小巧的週二食記包裝，讓隨手放進包包的零嘴也能一次性食用，確保包包內不留任何殘渣，這就是「週二食記五穀巧米酥隨手包」的誕生。目前五穀巧米酥的銷售遊走台日韓，也因可愛精巧的口袋餅乾設計，讓許多日韓網紅爭相推薦！

圖｜週二食記以老物新創為出發點、重新詮釋懷舊零食

回味童年的健康好滋味：小食零嘴「鮮梅果」

說起有趣的童年回憶，總監細數童年時她最喜愛的小零嘴和抽糖果的趣事，這些柑仔店零食不僅滿足了她的味蕾，更承載她兒時點點滴滴的美好回憶。

還記得小時候常去中藥行煎藥或是買腸胃散時，中藥行老闆總是抓了一大把的梅花形仙楂餅給她，跟她說：「不要怕吃苦、中藥一點都不苦，喝完中藥吃一顆梅餅就不苦了喔！」現在長大了，傳統的中藥行也越來越少了，雖然賣場可看到零星梅花形狀的仙楂餅，但不知怎麼的，時光的轉移，充滿回味的唇齒留香也淡了……。於是，週二食記以台灣青梅和胭脂果為基底、以「家人」為主題，打造了一款有果汁、益生菌和天然蔬果成分，搭配傳統梅精仙楂餅的混搭，成功開

圖｜蔬果食材與益生菌結合的小食零嘴，既能解饞又兼顧健康

發出健康可口的「小食零嘴—鮮梅果」。相較於市面上添加五顏六色色素和人工香料的糖果，這款鮮梅果甫推出就受到許多媽媽的關注。

「小食零嘴的開發主要是因為我的孩子，我注意到市面上的糖果含有過多色素和糖分，因此，我希望能打造出健康又美味的零食，讓孩子吃多也不用擔心蛀牙。」總監說。同時，這款零食考慮到小朋友的手較小，因此特別打造隨手包，搭配童趣可愛的簡約包裝設計，讓許多孩童吃到這款小食零嘴都有莫名的開心感；再者，看似是硬糖其實一咬就鬆開的小食零嘴鮮梅果也非常適合長者食用，吞嚥時也完全不會有任何負擔，可謂是一款老少咸宜的零嘴。

周末野餐、登山必備的美味零食: Oat-Rice 脆穀片

——觀察週二食記所推出的休閒零嘴，不難看出每一款零食都有總監想要傳達給消費者的理念與風格。總監說：「週二食記在開發任何產品時不願跟風任何事物，更希望在每項產品開發之際都能帶入台灣在地零食健康又有趣的元素。」2022 年底推出的週二食記「Oat-Rice 脆穀片」也不例外。

以一家老小、聚會小點為起始點，台灣優質米和減糖配方為基礎，結合紅藜麥、燕麥、大豆蛋白、大豆卵磷脂、紫野牛大麥等多種穀物，共含有60% 以上的穀物、蔬果纖維也充滿其中。總監分享：「Oat-Rice 脆穀片的發想源自於我的父親，他在 30 歲時就開始有糖尿病問題，現在市面上充斥著許多精緻食物，導致人體醣化衰老的機率越來越高。週二食記 Oat-Rice 脆穀片，使用原糖製作，微甜風味來自於天然蔬果本身的味道，並搭配減糖配方，讓穀物主食也能變成隨時隨地補充營養與熱量的零嘴，提供顧客不同的選擇。」

減糖並不意味著口味平淡，Oat-Rice 脆穀片口味豐富，包括海鹽焦糖、黑醋栗莓果和湖鹽可可等口味。海鹽焦糖能嚐到淡淡的鹹香和焦糖的甜蜜，令人難以忘懷；黑醋栗莓果口味添加豐富的果乾，帶有酸甜的果香，口感層次分明；湖鹽可可口味則讓可可的香氣和微鹹的湖鹽風味完美混搭，帶來獨特的口感體驗。

這樣的脆穀片不但能在家享用，若有成群出遊、登山露營，Oat-Rice 脆穀片更方便隨身攜帶，是補充能量的最佳選擇，直接吃當餅乾或是搭配牛奶、優格、濃湯也相當可口，輕巧便捷的包裝易於攜帶，不會增加行李過多重量，也讓 Oat-Rice 脆穀片成了戶外玩家必備的零食。

圖｜Oat-Rice 脆穀片以全糧雜糧的糙米和燕麥為原料，每一口都減糖、新鮮、無負擔

運動族與無麩飲食的最佳選擇：
健康創新的纖薯稻洋芋片

　　遵循「重口味、輕配方」的設計原則，週二食記推出「纖薯稻非油炸洋芋片」，食材選擇上獨具匠心，除了使用具有豐富礦物質和膳食纖維的馬鈴薯、還加入台灣長秈米，這種好米富含各種營養素與礦物質，讓洋芋片展現出市面上少見的健康價值外，少糖、少鹽、低卡路里的特點，讓纖薯稻非油炸洋芋片甫上市便成為許多體重管理及健身愛好者的心頭好。

　　儘管主打健康，纖薯稻洋芋片的口味卻相當豐富有趣，除了台味十足的蒜香海鹽、亞洲人絕對喜愛的經典日式海苔，週二食記更推出一款極度滿足口慾的番茄起司，讓洋芋片的口味有更多的變化與選擇。總監說：「有在控制體重的朋友們，想在市場上挑選一款符合需求的零食，其實相當有限，我想這款洋芋片恰好滿足他們的需求，也因如此銷售業績一直默默地攀升。」

圖左｜纖薯稻洋芋片使用長秈米和馬鈴薯製成，且非油炸，成為許多運動人士首選的零食

圖右｜週二食記相信吃零嘴是一種享受、也是一種歡樂

突破疫情阻礙，
追求細水長流的永續經營

　　其實，週二食記的成長是有一點艱辛的。2019 年甫創立便遇上了疫情，讓以經典台灣歌仔戲臉譜包裝設計、深受消費者喜愛，且能在亞洲各大機場見到，成為機場遊客購買伴手禮首選的「週二食記巧酥派」，因突如其來的疫情使旅遊人潮銳減，原本人人爭相搶購的京劇禮盒瞬間成為躺在倉庫默默褪去風采的報廢品，人氣瞬間上漲又下滑的週二食記，一度成為市場上的品牌泡影。

　　但週二食記團隊並未因此感到氣餒，品牌的宗旨是追求細水長流的永續經營，就像一座島嶼的形成必定是漸進的過程，週二食記不追求快速賺錢或高速發展，而是按照品牌的步調，持續開發優質的產品，推廣給國外的朋友。也因秉持穩健踏出步伐，慢慢前進的堅持，週二食記終究度過嚴苛的疫情考驗，逐漸在日本、韓國、中國大陸及東南亞等國家建立起穩定的市場。

　　展望未來，總監透露品牌已準備好推出一系列的新品零嘴、顧及「歡樂時光、家庭與朋友」的分享零嘴，好吃、好玩又好拿更是不變的初衷！即將上市的醬姆醬姆爆醬歐蕾、小朋友超愛的喀喀脆餅、有魚就沒有蝦脆片等等，更是讓眾人敲碗已久，拭目以待。

　　週二食記希望，透過一步一腳印的努力讓更多人品嚐到台灣懷舊零食的美味外，也能將台灣在地好味道呈現於國際，推向全世界。

品牌核心價值

"

透過好食好玩，
讓顧客的味蕾能得到最純粹的「滿足感」。
商品中有我們希望營造的
心靈滿足與品質嚴選的用心。

新穎創意的包裝更加入老物新創的產品開發，
徹底顛覆吃零嘴的口感想像、
不再只是老餅乾換了新包裝。

經營者語錄

"

「吃零嘴」是一種享受、
也是一種歡樂。
「經營品牌」更是一種堅持、一個決心！
相信自己的眼光，
發揮創意、讓品牌能夠深耕於顧客的心中，
就是週二食記團隊最大的滿足。

台中市大里區國中路 3 巷 3 號

週二食記 Tuesnack

@tuesnack_tw

穀物零嘴、傳統糖餅、餅乾、糖果、伴手禮

SHUU

Dessert

正宗美式甜點藝術家的
極致奢華享受

"

每回經過甜點店，看見櫥窗裡琳瑯滿目精緻又
美味的甜點，總令人佇足而猶豫不決，人們為
甜點的香氣所吸引，但又因它所帶來的健康負
擔及罪惡感而抗拒。其實，品嚐甜點從未有想
像中如此的困難──SHUU Dessert，採用原
型食物與新鮮水果作為甜點食材，無添加任何
味精、濃縮和果精類，堅持以頂級原料為顧客
製作出藝術品般精緻又健康美味的正宗美式甜
點。吃甜點，在 SHUU Dessert 的甜點哲學下，
成為了生活裡一種細緻而奢華的味蕾享受。

異文化交匯的一場甜點饗宴

SHUU Dessert 的創辦人是一位出生在台灣，同時有著一半馬來西亞血統，如此身處多元文化之薰陶中所成長的女孩；由於過去母親曾在知名飯店上班，經常自飯店帶回品質與口感皆屬高規格標準的甜點，促使她從小即對甜點有著非凡的品味以及無比的憧憬。自幼接受美式教育，她在旅美遊學期間，愛上了風味獨特的正宗美式肉桂捲，更在多次的異國之旅中以味蕾見習多國甜點，從而燃起對製作甜點的熱情。

為何在台灣從未嚐過真正正宗的美式肉桂捲？SHUU Dessert 創辦人深思不已，因此決心要以文化交流為使命，全心全意投入到製作道地口味的肉桂捲之研發中，她回憶道：「當時認識一位長年旅居美東的主廚，聘請傳授製作甜點的技巧，後續再與另一位在甜點上具有天賦的甜點主理 Tom Chiu 一起開發了許多全新的菜單。最初，我們在一個工作室內販售甜點，後來隨著品牌的成長和茁壯，我們考慮搬遷到地點更佳的店面位置。」

然而，這場甜點饗宴並未使人一切順心。創辦人表示，隨著店面擴大和機器的更新，品牌遭遇了一場前所未有的重大挫折。「在添購新式的大台機器後，由於聘請的主廚對於機器本身欠缺操作上的熟悉度，導致精進研發期間，屢屢遭遇失敗，丟棄了三千顆肉桂捲，前後損失將近新台幣一百多萬，更在期間遭遇了疫情的洗禮。」如此的打擊，並非每位創業者皆能承受得起，SHUU Dessert 之所以能度過該階段，全因過去開設工作室時期，以優異的品質和突出的美味培養累積出一群高黏著度的客群，才能一路支持品牌穩步走下去。

當經典遇上創新，頂級美味再進化

問起品牌 SHUU 為何意？創辦人化身為一位甜點藝術家，將取名緣由娓娓道來。「SHUU 是中文『秀』翻譯成日文後的羅馬拼音，雖然主打正宗美式甜點，但我們也採用日本技術及精神，希望自己製作出的每個甜點除了美味之外，從裡到外皆能超越美式隨性大方的風格，並且展現出藝術品般的精緻，宛如一場高級而華麗的秀。」創辦人分享道。

許多吃過 SHUU Dessert 的外國朋友們，紛紛讚賞 SHUU Dessert 正宗的製法以及道地的口味，創辦人笑談：「許多美國、加拿大朋友都表示，我們家的肉桂捲跟他們在家鄉時吃到的香氣、口感都驚喜地一致。」舌尖上的回憶重現，讓在台的外國朋友彷彿被帶回了家的溫暖氛圍中，作為一道甜點美食的橋樑，SHUU Dessert 成功將不同的文化融合在甜點的魔法裡，讓人們無論身在何方都能品味到一份美好的共鳴。

除了肉桂捲，SHUU Dessert 也以優雅的餅乾、蛋糕、麵包、司康和布朗尼風靡於忠實顧客之間，其中，別具特色的「冷凍布朗尼」更是 SHUU Dessert 的獨家招牌。「SHUU 有款全台僅有我們一家在製作的『冷凍布朗尼』，品嚐的時候不需要退冰，吃起來也不會因為它是冷凍而口感乾硬，推薦大家嘗試這款。」創辦人熱情地說。

SHUU Dessert 其品牌風格雖融合著日、美文化，但創辦人並未曾忘記自身的起源地台灣，目前她正在研發和規劃一系列以「茶葉」為主體特色的甜點，期待能為甜點界帶來新的驚喜。當布朗尼遇上台灣各地方特色茶葉，兩者所撞擊出的想必會是另一層次的幸福風味。

甜點界璀璨之星的品牌哲學

　　SHUU Dessert 開店至今，深受中高年齡族群的消費菁英所喜愛，然而，創辦人一直有個謹記在心的初衷，她夢想將正宗的美式甜點推廣到大眾的日常生活裡，因此，未來除了開放加盟及海外的擴展，SHUU Dessert 的品牌規劃亦將開啟大幅度的調整。她表示，「我們將進駐校園和企業，提供試吃、販售之餘，也希望能透過詳細的介紹，帶領大家共同認識正宗的美式甜點。」

　　自 SHUU Dessert 散發而出的品牌態度，在創辦人身上亦隱約可見；她擁有明確的目標和定位，對於自我追求之事具備敏銳度和洞察力，並在適當時刻勇於跳脫思維的框架，創造出一個包容多元、內涵豐富且風格別具的甜點品牌。透過以上特質，她巧妙地形塑出今日的 SHUU Dessert，每一道甜點都是她對自我追求的真實展現，一個甜點界的璀璨之星，持續為大眾帶來享受甜點時的喜悅與幸福。

圖｜ SHUU Dessert 秉持使用最優質的原料，製作出吃起來讓人感到幸福的美味，並期盼將正宗美式甜點推廣至大眾平凡的日常生活中

品牌核心價值

"

採用原型食物與新鮮水果作為甜點食材，
無添加任何味精、濃縮和果精類，
堅持以頂級原料為顧客製作出藝術品般
精緻又健康美味的正宗美式甜點。
吃甜點，在 SHUU Dessert 的甜點哲學下，
成為了生活裡一種細緻而奢華的味蕾享受。

@shuudessert

0937-112-365

台北市大安區和平東路三段 228 巷 23 號

斐園茶莊

盡享山川靈氣間
高海拔烏龍茶的極致韻味

"

中華品茶文化源遠流長，作為一門融合哲學與自然之美的藝術，
它早已深植於台灣人的日常生活之中；從茶葉採收的那一刻起，
高山大地之間孕育而出的精華，便伴隨著茶道藝術的細緻品味，
在飲茶人的味蕾與精神內香氣震盪，久久無法忘懷。

位在嘉義的斐園茶莊，專營台灣高海拔烏龍茶區，在獨特的高
山地理環境和頂級的傳統製茶工序中，品選出深受大自然沐浴
及滋養的卓越風味，並在每一杯高山烏龍茶中引領著茶葉愛好
者，感受杯中的山川靈氣，細品每一口茶的極致韻味，盡享這
趟自然之旅所帶來的平靜舒心，進而發現台灣茶葉文化的深厚
底蘊。放慢步調節奏，專注於每一瞬間，不僅是一種品茶方式，
也是一門生活哲學。

從服裝設計到茶葉品牌，她以卓越與頂尖為希冀

在斐園茶莊的品牌背後，是一位擁有堅定意志與力量的女性，追尋卓越、創造非凡人生的生命故事。出身自服裝設計專業，曾開過無數家國內頂尖服裝專賣店，其名宛如一塊瑰寶的斐園茶莊莊主黃蘭斐，於三十三歲那年毅然決然地轉換跑道，踏上一條全新而未知的道路，這是她與茶葉的緣分之開端；如今，走過二十年的歲月，她的此生如同一杯茶，凝聚出芬芳的美好香氣，而勇氣、智慧與堅毅兼具的她有一段意味深長的故事欲在此訴說。

當初黃莊主以對時尚的敏銳嗅覺在服裝業界建立了堅實的地位，然而，她是一位不滿足於現狀的夢想家，一個勇於追求內心真正熱愛事物之人，她沈穩地表示：「一切都是因緣際會，我在零基礎的情況下與茶葉相遇，但我知道自己不能得過且過，我必須努力做到最好，要能夠完全勝任這項工作。」黃莊主的話語充滿著堅強的決心，她的轉型之路並不是源自於放棄，而是來自對自己內在聲音的真實傾聽。

2004 年，是黃莊主初入茶葉世界的元年，來到地勢高聳而雲霧繚繞的山區，台灣茶葉獨有的生長地理環境，也許瀰漫著清新恬淡的山谷氣息，可是就世俗視角來看，那裡其實是個屬於男人的地域。一入行即決心要從最困難的地方作為起點，亦即挑戰台灣茶的最高點、全世界烏龍茶區指標的大禹嶺 105 K，作為唯一一位上山的女性，朝著黃莊主而來的是旁人的質疑，當山上茶農紛紛詢問這位來自山下年輕貌美的女生「到這裡來做什麼？」，她則毫不退縮地答道「我要來試茶」，或許回答著簡單的字句，但在她的心中早已浮現一幅既遠大又磅礴的理想景致。

對黃莊主來說，理想是一盞給予安定的心靈燭光，是一道永遠不會逝去的希望之火，而它的光芒，永恆且不可估量，照亮了人生的黑夜，更激勵著她勇往直前，造就出斐園茶莊的不朽故事。

圖｜2004 年那場傾盆大雨的下午，黃莊主前往茶農林聰明先生的家，表達了她挑戰最高點、最珍貴的茶的決心，最終，她成功說服林先生，獲得了第一批大禹嶺 105K——11 斤的寶貴茶葉

女力當前，迎向艱難挑戰毫不畏懼

　　在茶葉世界的輝煌殿堂中，斐園茶莊傲立巔峰，而當年為了將斐園茶莊打造為業界頂尖品牌，並且不斷地精進卓越，黃莊主著實耗費大量的時間與心力；這位茶葉界的奇女子，將她的夢想與決心注入每一片茶葉，不知疲倦地奮力付出，把自己投入並奉獻於茶葉的事業上。「由於從零開始，我明白要在該領域站穩腳步，必須從專業項目循序深入，因此，在最初的兩三年內我決定放下一切專心學習，從改良場獲得官能品評檢定合格證書，通過台灣初中高階茶道師專業訓練認證並獲得證書，也擁有大陸國家職業資格證、高級評茶員資格證書，也在國內農會、合作社、茶葉團體至兩岸茶王競賽中留下了無數的獲獎紀錄。」黃莊主回顧說道。

　　從茶葉的懵懂初學者到茶葉的高手，如此拚搏，源於黃莊主剛入門時，即期盼能夠走出一條與眾不同的路，她渴望挑戰常規，因而認定嚴選高海拔、高品質、高規格的茶葉是她的心之所向，亦是斐園茶莊堅穩而雋永的初心理念。第一次上山就來到著名的大禹嶺，黃莊主回憶參與大禹嶺採收茶葉的十一年，感恩又珍惜地談起那段她必須翻山越嶺、把關茶葉，獨自面對茶農、客戶及市場風風雨雨的時光，她充滿信心地說：「我忍受了令人不適的高原反應和劇烈的氣候變化，將那些通常由男性執行的任務一一完成，堅定而無畏地站在茶葉的前線。」

　　這段在大禹嶺的茶葉採摘經驗，直至今日依然令黃莊主印象深刻，該地被譽為「台灣茶的最高點」、「全世界烏龍茶區指標的大禹嶺 105 Ｋ」，大禹嶺匯聚著業界最頂尖的茶葉，然而，即使是一位深諳茶葉專業的茶人，擁有這片土地之茶仍然是一個巨大的挑戰。根據黃莊主豐富的經驗，採摘大禹嶺的茶葉本身就是一項極具挑戰性的工作，將這些寶貴的茶葉推向市場更是難上加難，因為每斤茶葉的價格高得驚人，客戶都是對茶葉品質極為挑剔的專業品茶者。

　　「大禹嶺茶區在 2015 年正式走入歷史，那段過程我收穫良多，也擁有許多輝煌的紀錄，雖然它是最困難、最具挑戰性，但也是最有趣的。」黃莊主爬上山峭最高點，俯瞰著茶葉的世界，一切變得清晰有序，而她亦是秉持著這般積極向前的處世心態，在往後的創業日子中挑戰許多艱鉅的工作，因為一旦突破難關，接下來的問題終將能夠充滿信心地淡然面對。

不論身處在任何產業，黃莊主皆以嚴格的紀律自我要求、準備就緒，她知曉唯有如此，才能夠勝任並攀爬至每一段旅程中的至高點；她的生命之旅如同一杯經過精心沖泡的極品茶，每一口都充滿了深厚且使人留戀的韻味，並且綻放出屬於自己的瑰麗光芒，屹立不搖地站穩在卓越與頂尖之上，成為獨立堅強的新世代女性值得學習的優秀楷模。

圖｜從對茶葉一無所知，身體上承受了高原反應的苦，心裡上也歷經許多的酸甜苦處，到今日累積豐碩的寶貴經驗，結交無數緣份深厚的茶友，黃莊主爬越了高山，品嚐了芳香甘醇，創造了自己的茶史。2015 年正式回歸國土、走入歷史的大禹嶺茶區，永遠是黃莊主最自豪的一片茶區，如同她賣出的雪烏龍和高檔鐵觀音一樣，甘醇、甜美、自然

送禮的季節——
與你共享最純淨優質的伴手禮盒

在每一個特別的日子裡，時間不僅是數字和刻度的流逝，它更是一段深刻的故事，一串珍貴的回憶和真摯的情感之凝聚，而送上一份令人難忘的禮物，便成了這個故事的註腳，一個全新章節的開始，它將伴隨著受禮者，沿著生活的曲折路程，見證每一個重要的時刻，並將感激之情和深情款款的心意完整地表達出來。茶，一種生活之美好的體現，香氣繚繞，滋味深長，是一份無聲的恬靜，也是友誼情感的象徵，作為伴手禮相贈，不僅能分享生活品味，更可溫暖疲憊身心，在一杯杯細膩與清新之間，坐看人生最動人之時刻，這亦是斐園茶莊欲給予消費者的誠摯心意。

步入雅緻而靜謐的斐園茶莊，一盒盒優雅精緻的茶葉禮盒陳列於明亮的室內櫃上，它們是黃莊主二十年來的心血結晶，她則親切地稱呼它們為小金盒、平安盒，而隱身於禮盒之中的是鼎鼎有名的阿里山紅茶，足以象徵台灣且聞名於世界的文化特產。斐園茶莊堅持傳統製茶工序，從種茶、採收、發酵到焙火，嚴謹把控每一道工法，並以最高規格之標準送交農藥檢驗，黃莊主深知讓消費者安心是品牌的重責大任，這種堅持和關懷，讓斐園茶莊成為嘉義在地人信任的首選。

圖｜斐園茶莊品牌傲立於茶業巔峰，深受各界擁戴。上圖為駐日大使謝長廷先生親自蒞臨斐園於東京國際食品展之櫃位；中圖與下圖為嘉義市長黃敏惠女士親臨東京國際食品展現場及台北國際食品展現場記者會。兩位傑出政治領袖的參與，無疑體現出斐園茶莊的卓越地位

黃莊主介紹道：「精美包裝內的每一細片，皆是北緯 23.5 度之下孕育而出的優秀茶葉，以阿里山高山烏龍茶菁製成，有著紅茶原來的香甜滋味，又多了一份高山茶的回甘底蘊，而斐園茶莊最為關切的是茶葉的安全性，我們選用的茶葉皆通過合格檢驗標準，且使用的茶袋為天然玉米鬚製成，不含塑化劑，並以充氮保鮮，消費者可以安心享用。」

此外，黃莊主特別分享 2023 年獲選為台灣百大伴手禮的平安盒，平安茶靈感來源之典故。在遙遠的時光長河中，民眾前去神聖的佛寺虔誠上香禮佛之時，寺方則以一杯清茶平撫人們心靈，並祈求帶來平安，如此善意之舉，是為佛陀慈悲的延伸，成為一個長久落實的傳統。然而，2020 年一場疫情如烈火席捲而來，平安不再是當初的日常之事，它變成了一種奢求，於是一個優雅的構思誕生了──紅色的平安盒，它不僅是小金盒的延續，更是疫災之後一份深遠的祝福。

近年來，斐園茶莊獲獎連連，不僅於 2021 至 2023 年獲選嘉義好店代表、嘉義伴手禮代表，更在 2022 和 2023 年連續代表台灣參加日本東京國際食品展獲得好評，斐園茶葉的好品質有目共睹，也締造出台灣茶的世界奇蹟，在這份榮譽的背後，擁有茶農無數個清晨的辛勤勞動，也蘊藏著莊主的堅持和對傳統文化的熱愛。

圖右上｜斐園茶莊光榮地代表著台灣的茶葉業界，參與了備受矚目的東京國際食品展，台灣茶葉之瑰寶，此刻登上國際舞台，為世界所注視著

圖右下｜近年來，斐園茶莊屢次榮獲「嘉市好店」和「嘉義伴手禮」代表殊榮，成為嘉義市的自豪，也是對台灣茶葉工藝和風味的極致讚譽

茶業界的愛馬仕：
由內而外一致的茶藝美學

斐園茶莊，茶葉業界中的一顆璀璨明珠，一步一腳印地經歷著精進與成長，黃莊主以奉獻自我的精神與信念，精心淬鍊出得獎連連的經典茶葉傳奇；斐園茶莊的成功不僅深耕台灣在地，接下來，更要邁出步伐走向國際——志在成為「茶葉界的愛馬仕」，是斐園茶莊許願未來堅定不移的方向。

在斐園茶莊品茶，即以一杯清澈的湯色，賦予靈魂深處的智慧，帶來悠然的寧靜，如詩又如畫，指引著飲茶人朝向更高層次的覺醒。在這個瞬間，除了品味到茶的芳香，更品味到生命的價值，那是一場又一場與自我靈魂共度的深層對話。

在茶香之外，黃莊主也自過去服裝設計的專業中，提取美學經驗運用於斐園茶莊之產品包裝上，形塑出簡約、典雅而沈穩，吸睛又環保的包裝設計，其中蘊含著無比奧妙的品牌哲思，每一個細節都彰顯了對完美的追求，對此黃莊主深切地談道：「優質的茶葉必須以精緻的包裝來盛裝，才足以與它相互匹配，由內而外的一致才是產品的完整性，才能夠代表斐園茶莊。我也希望收到茶葉的消費者都能感受到那宛如藝術品般的存在，並重複加以使用，因為其中不僅融合美學概念，也注入環保訴求。」

斐園茶莊，樓宇而立，即將踏入輝煌的二十載。在這二十年的波濤壯闊中，歷經了市場的風風雨雨，不變的是黃莊主對品牌堅韌不拔的用心與堅持；她深信，即便風起雲湧，只要回歸原點保持對茶葉之安全及品質的極致堅守，經營策略便能如平靜湖泊，水到渠成，自然以優越的品質受到世人的認可。黃莊主最後以一句話道盡了她二十年的艱辛歷程：「經營之道看似簡單，卻如攀登天際，難以企及。」但正是她的毅力和努力，鑄就了茂盛的果實，把故鄉的好滋味帶入國際舞台，這是一個在不遠的未來，將會洋溢舞動著的美好夢想。

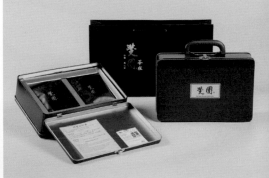

圖 |
斐園茶莊的茶葉被譽為「茶葉界的愛馬仕」，不僅
散發深刻的茶香，更將經典設計精髓融入產品包裝

品牌核心價值

"

斐園茶莊，專營台灣高海拔烏龍茶區，
在獨特的地理環境和傳統工序的製茶技藝中，
品選出深受大自然沐浴及滋養的卓越風味，
並在每一杯高山茶中引領著茶葉愛好者，
感受杯中的山川靈氣，細品每一口茶的極致韻味，
盡享這趟自然之旅所帶來的平靜舒心，
進而發現台灣茶葉文化的深厚底蘊。

經營者語錄

"

回歸原點、準備就緒，
必能勝任工作，
做對的事，永遠不會錯。

嘉義市西區友忠路 935-2 號

05-234-6899

斐園茶莊

@fei_yuan2004

國家圖書館出版品預行編目資料：(CIP)

台灣必買經典伴手禮 / 吳欣芳 , 張荔媛撰文 .
-- 初版 . -- 臺中市 : 以利文化出版有限公司 , 2023.11
　　面；　公分
ISBN 978-626-95880-5-3（平裝）

1.CST: 創業 2.CST: 食品業 3.CST: 臺灣

483.8　　　　　　　　　　　112016104

台灣必買經典伴手禮

作　　　者／以利文化

企劃總監／呂國正

編　　　輯／呂悅靈

撰　　　文／吳欣芳、張荔媛

校　　　對／王麗美、陳瀅瀅

封面設計／高郁雯

排版設計／洪千彗

出　　　版／以利文化出版有限公司

地　　　址／台中市北屯區祥順五街 46 號

電　　　話／04-3609-8587

製版印刷／基盛印刷事業有限公司

經　　　銷／白象文化事業有限公司

地　　　址／台中市東區和平街 228 巷 44 號

電　　　話／04-2220-8589

出版日期／2023 年 11 月

版　　　次／初版

定　　　價／新臺幣 390 元

ＩＳＢＮ／978-626-95880-5-3（平裝）